농촌재생
6차산업

"이 책은 방일영문화재단의
지원을 받아 저술 · 출판되었습니다."

농촌재생 6차산업

농업에 미래를 곱하다

정윤성 지음

|||||| 농촌과 농업은 우리에게 어떤 기회를 주는가 ||||||

지속가능한 농업과 농촌을 만드는 한 축

이 책은 농촌융복합산업의 현재를 진단하고 개선안을 찾아낸 처방전이라 할 수 있다. 정치, 교육, 경제 분야 취재현장을 20년 넘게 누비며 남다른 통찰력을 보여준 정윤성 기자가 《농촌재생 6차산업》을 통해 우리 농업·농촌의 청사진을 그리고 있다.

특히 농업의 6차산업화는 외부의 자원을 끌어와 농촌을 발전시키는 것이 아니라, 농촌 내부의 자원을 활용해 부가가치를 창출한다는 점. 그 부가가치가 농촌에서 순환하게 되는 내발적(內發的) 발전의 농촌형 모델이라고 정의한 점은 농촌융복합산업(6차산업)의 지향점이기도 하다.

저자는 우리나라와 일본의 농촌융복합산업의 사례를 취재해 성공요인을 분석하고 사례별 성공 포인트를 일목요연하게 정리했다. 이를 밑거름 삼아 농촌융복합산업을 추진할 때 반드시 갖춰야 할 4대 전략도 소개했다. 아울러 농촌융복합산업의 퀀텀점프를 실현할 방안도 끌어냈다. 베테랑 기자의 혜안이 돋보이는 대목이다.

농촌융복합산업은 지속가능한 농업과 농촌을 만드는 한 축이다. 건강하고 안전한 먹거리를 제공하고 농산업분야 일자리 창출, 농가소득 증대로 지역경제 활성화에도 기여하고 있다. 그동안 양적 성장을 거듭해왔다면 이제는 내실화에 집중해 질적 성장을 추구할 시기다. 그런 면에서 이 책의 출간은 '때를 맞춰 내리는 비' 즉, 급시우(及時雨)와 같다.

깔끔하고 명료한 문체, 객관적이고 분석적인 시각으로 써 내려간 저자의 글은 농촌융복합산업 전반을 이해하는 데 꼭 필요한 지침서가 될 것이다.

농촌진흥청장
라승용

6차산업, 농업의 가치를 전달하는 것

최근 농업의 6차산업이 주목받으면서 지금까지 없었던 새로운 것처럼 생각하기 쉽지만 우리 농업·농촌은 이미 오래전부터 6차산업을 경험해왔다. 콩을 재배해서 두부를 만들어 파는 가게, 도토리묵을 쑤어 파는 상인들이 바로 6차산업의 원형(原型)이라고 할 수 있다. 그런 측면에서 6차산업은 우리 농업·농촌의 재발견이다.

필자가 만난 6차산업의 실력자들은 마케팅보다는 소비자와의 만남이라는 보다 본질적인 가치에 집중하고 있었다. 그것은 '소비자와 함께 하는 농업'으로 구체화하고 있었다. '생명산업' '친환경농업' 즉, 농업·농촌의 생명력이 가진 참된 가치를 알려나가는 것이 그 어떤 마케팅보다 중요하다고 믿고 있었다.

지난 2014년, 필자가 한 지역농협에서 6차산업에 대해 강연할 때 편의점에서 판매하는 삼각김밥을 예로 들었다. 쌀 한 가마(80kg)를 팔면 농민의 수입은 18만 2천 원(직불금 포함), 이 쌀을 가공하면 1,300원짜리 주먹밥 430여 개를 만들 수 있다. 농가는 주먹밥을 팔아서 쌀의

3배인 56만 원의 수입을 얻는다는 것이다.

　농민이 쌀 생산(1차산업 : 생산), 주먹밥 가공(2차산업 : 가공), 주먹밥 판매(3차산업 : 유통, 판매)를 하게 되면 1차×2차×3차=6차산업이 완성돼 그만큼 농가의 수입이 늘어나게 된다. 이는 대단히 도식적인 설명이다. 본질적으로, 6차산업을 한다는 것은 농민이 농산업 비즈니스맨이 되는 것이다.

　6차산업이 중요하다고 해서 기계적으로 6차산업의 형태만 갖춰서는 농업의 부가가치를 키운다는 6차산업의 취지에 다가가기 어렵다. 사업 아이템 발굴, 원재료 조달, 식품가공, 유통·판매 등의 가치사슬(value chain)을 계속 보완하고 수정해나가는 과정이 필요하다. 발바닥이 부르트게 시장을 뛰어다니고 입에서 단내가 나도록 상품을 홍보하며 경쟁에서 살아남기 위해 몸부림치는 시간을 통과해야 한다. 정부가 권장한다고 해서 앞뒤를 충분히 살피지 않고 6차산업에 뛰어드는 것은 무모한 결정일 수밖에 없다.

　필자가 이 책에서 소개하는 6차산업체들은 대부분 6차산업이라는 단어가 나오기도 전부터 6차산업의 형태를 실행해왔다. 1차, 2차, 3차에서도 그 비중이 업체마다 달랐다. 반드시 2차가 높을 필요는 없다. 각자의 특성에 맞는 강점을 최대한 살리고 약점을 최소화하면서 1차, 2차, 3차 가운데 어느 부분을 높이고 줄일지 포트폴리오를 전략적으로 선택했다.

한일의 대표적인 6차산업체의 오늘을 조명하다

이 책에서는 6차산업을 통해 부가가치를 일궈가는 농촌경영체를 생산자, 농촌공동체의 각도에서 심층 조명했다. 들깨 기름을 짜서 홈쇼핑 완판기록을 세운 에버그린에버블루협동조합(경기도 양평군), 명품 고추장으로 백화점에 진출한 궁골식품(충남 논산시), 문 닫은 한증막을 6차산업의 동력으로 탈바꿈시킨 안덕마을(전북 완주군), 양파즙, 떡가래로 지역의 구심점이 된 양떡메마을(경남 합천) 등 농업 6차산업을 대표하는 경영체들의 성공요인을 입체적으로 분석했다.

책 한 권에서 6차산업체의 '성공'을 말한다는 것은 자칫 코끼리 다리 만지기 같은 결과가 될 수 있다. '성공'을 말하기 전에 '실패하지 않는 법' '시장에서 살아남는 법'을 깨우치는 것이 중요하다. 그 길을 부지런히 걷다 보면 시장에서 인정받을 것이고 그 과정에서 '성공하는 법'을 6차산업체 본인들이 찾아낼 수 있을 것이다.

따라서, 여기서 말하려는 바는 결국 시장에서 어떻게 살아남느냐의 문제로 귀결된다. 그래서 이 책의 구성은 철저하게 살아 있는 르포 형식의 6차산업 보고서 형태로 꾸몄다. ① 6차산업의 착안 포인트 ② 시행 초기 6차산업체들의 시행착오 ③ 그들의 고민과 과제 등을 있는 그대로 그려내려 했다. 6차산업의 성과 못지않게 그 성과를 이뤄낸 6차산업의 토양, 뿌리를 들여다보려 했다.

이 책을 쓰면서 적지 않은 정부의 발표문, 연구기관의 용역보고서를 참고하고 인용했다. 이를 바탕으로 정부·연구기관의 보고서가 전할 수 없는 생생하고 입체적인 현장의 이야기를 담아보려 했다. 사물의 실체는 겉으로 드러난 것뿐만 아니라 그 이면의 것을 함께 봤을 때 입체적으로 조명할 수 있다. '보여주지 않으려는 것'을 봐야 하는 필자의 직업은 이 작업에 도움이 됐을 것이다. 이런 과정을 거쳐 제시한 농업 6차산업체의 실태, 과제 등은 이 책의 존재 의의를 더욱 뚜렷하게 해줄 것이다.

아울러 이 책에서는 일본 6차산업의 성공사례도 조명했다. 일본 농림성은 지난 2010년 '6차산업화법'을 제정해 2011년부터 시행하고 있다. 전국적으로 66,350개의 사업체가 6차산업에 참여하고 있고 68%의 사업체는 1년에 500만 엔 미만의 매출을 올리고 있는 영세규모이다.

농촌체험관광의 선두주자인 농업공원 시기산 노도카무라(信貴山のどか村)는 농업체험농장을 준비하는 후발 주자들에게는 교과서 역할을 해줄 것이다. 노천시장에서 지역농업의 거점으로 성장한 농사조합법인 우리보우(うりぼう)의 이야기는 농민과 소비자와의 관계를 다시 한번 생각하게 해준다.

특히, 이 가운데 농가식당으로 지역의 순환경제를 이끄는 '세이와노 사토'(せいわの里)의 사례는 아직 기반이 부족한 우리의 농촌여성기업, 농가식당에는 대단히 실증적인 자료가 될 것이다. 타카마츠(高松)의 스카이팜의 스토리에는 농민이 6차산업을 통해 농산업 비즈니스맨으로 변모해 가는 과정을 담았고, 명품 귤주스를 만들어내는 소우와(早和) 과수원에서는 1차에서 2차, 3차로 이어지는 발전 과정에서 부가가치를 어떻게 키워갔는지, 그들의 발상과 고민을 엿볼 수 있다.

방일영 문화재단의 지원이 없었다면 6차산업에 대한 필자의 생각은 한 권의 책으로 정리되기 어려웠을 것이다. 정부에서 6차산업을 실질적으로 주관하는 농촌진흥청 라승용 청장께서는 추천사를 통해 힘을 실어주셨다. 항상 따뜻하게 격려해주시는 JTV 전주방송의 김택곤 대표이사께도 지면을 통해 감사의 진심을 전하고 싶다.

일본에서 직장을 다니며 박사학위과정을 밟고 있는 김호준, 항상 응원해주는 유인식은 이번 저술에도 큰 도움을 준 고마운 친구들이다. 두 번째 출간을 흔쾌히 맡아주신 씽크스마트 김태영 사장님과 정성스럽게 글을 다듬어주신 이순업 편집실장님께도 깊은 감사의 말씀을 드린다. 항상 지지해주는 아내 백은정, 건강하게 자라준 쌍둥이 호현, 다연이 있어서 이 책은 더욱 소중하다.

2018년 가을

정윤성

4장. 일본 6차산업의 우수사례

5장. 6차산업의 4대 과제

6장. 6차산업 활성화 정책 제언

1장.
6차산업이란
무엇인가

농촌활성화의 키워드,
6차산업

지난 1994년, 일본 도쿄대학의 이마무라 나라오미(今村 奈良臣) 교수는
큐슈(九州) 오이타현(大分県)의 오야마정(大山町)을 방문했다. 이곳의 가
구당 경작면적은 4,000제곱미터밖에 되지 않아서 농업생산성이 높지
않았다. 소농(小農) 중심의 빈촌(貧村)이었다.

  당시, 오야마 농협은 농산물 재배만으로는 현상 유지도 힘든 상황
에서 돌파구를 찾기 위해 농산물 직매소(直賣所)를 운영하고 있었다.
이마무라 교수는 농산물 직매소, '키노하나 가르텐'(木の花ガルテン)에서
농민들이 재배한 농산물을 판매하는 모습을 지켜봤다. 농민들은 농산
물을 원료로 가공 제품까지 만들어 판매하고 있었다. 농산물 직매소
를 거점으로 농산물 생산, 출하, 가공, 판매가 이뤄지는 것이다.

94년 도쿄대 교수가 주장한 '농업의 6차산업'

농가에 민박하던 이마무라 교수는 농산물 직매소를 중심으로 새로운

부가가치가 창출되고 도시의 소비자들이 농산물 직매소를 방문하는 모습을 보고 놀라지 않을 수 없었다. '6차산업'이라는 개념을 처음 떠올린 순간이었다. 6차산업이야말로 일본 농촌의 부가가치를 키우는 해법이 될 수 있다는 점을 깨닫고 난 후, 전국을 돌며 '농업의 6차산업화'를 역설했다.[1]

국내 식품제조업체들이 원재료를 매입할 때 가장 큰 비중을 차지하는 경로는 산지조달이다. 2014년을 기준으로 34.3%를 생산자에게서 공급받는다. 반면, 중간도매가 27.1%, 원료제조업체 22.6%, 도매시장이 5.3%로 세 경로를 합하면 55%나 된다. 생산자의 직거래가 뻗어나갈 시장은 아직 넓다.[2]

(표1-1) 원료 조달 경로

(단위 : %)

구분	산지조달	도매시장	농수산물 종합유통 센터	중간도매/ 벤더업체	원료 제조업체	원청업체	기타	합계
2011	45.4	2.6	5.5	15.9	17.5	4.1	9.0	100.0
2012	54.8	1.6	8.0	16.9	6.3	2.2	10.2	100.0
2013	43.3	1.4	8.1	14.4	24.9	2.3	5.6	100.0
2014	34.3	5.3	3.8	27.1	22.6	2.0	4.8	100.0

자료 : 식품산업 원료소비 실태조사 결과, 농림부 보도자료(2016.05.24.)

2015년을 기준으로 국내 식품·외식산업의 규모는 192조 원으로 집

---

1   日本水土総合研究所、ARDEC 47 : 農業の6次産業化の理論と実践の課題, 今村 奈良臣, 東京大學名譽教授(2012.12.)
2   식품산업 원료소비 실태조사 결과, 농림부 보도자료(2016.05.24.)

계됐다. 음식료품 제조업이 83조 9천억 원, 외식업이 108조 원이다. 식품제조업의 연평균 성장률은 6.8%, 외식업은 8.9%로 국내총생산(GDP) 성장률 3.6%를 크게 웃돌았다. 하지만 농림업의 시장규모는 46조 9천억 원으로 성장률은 2.6%에 그쳤다.

(표1-2) 식품산업 성장 추이('05년~'15년)

(단위 : 조원)

구분	'05	'07	'12	'13	'14	'15	연평균증가율('05~'15)
□ 국내 총생산(실질GDP)	1,034.3	1,147.3	1,342.0	1,380.8	1,427.0	1,466.8	3.6%
□ 제조.외식(A+B)	89.9	107.5	152.4	156.9	163.7	192.0	7.9%
○ 음식료품제조업(A)	43.7	48.1	75.1	77.3	79.9	83.9	6.8%
○ 음식점업(B)	46.3	59.4	77.3	79.5	83.8	108.0	8.9%
□ 농림업	36.3	35.8	46.4	46.6	47.3	46.9	2.6%

자료 : 농림부 보도자료, 2015년 우리나라 식품·외식산업 시장규모 200조 육박(2017.09.11.)

농업 6차산업의 타당성이 바로 여기에 있다. 즉, 제조업자(2차산업), 유통업체(3차산업)에 편중된 농업생산물의 부가가치를 1차산업의 주체인 농민이 더 가져와야 한다. 그래야 더 많은 부가가치가 농촌으로 들어오고 일자리가 만들어져 농업, 농촌의 활성화를 기대할 수 있게 된다.

농촌이 농산물의 '생산장소'라는 고정관념에 사로잡혀서는 '6차산업'이라는 발상은 나올 수 없다. 농촌은 농업, 농촌자원을 다양한 방법으로 활용해 부가가치를 창출하는 '농촌 비즈니스의 거점'이라는 새로운 발상을 할 때, 6차산업이 농촌활성화의 '키워드'가 될 수 있다.

---

3   2015년 우리나라 식품·외식산업 시장규모 200조 육박, 농림부 보도자료(2017.09.11.)

2장.
6차산업의
흐름

우리나라 6차산업의
현재

6차산업의 법적 명칭은 '농촌융복합산업'이다. 2014년 국회를 통과한 농촌융복합산업 육성 및 지원에 관한 법률에 따르면 '농촌융복합산업'(6차산업)이란 농업인 또는 농촌지역에 거주하는 자가 농촌지역의 농산물, 자연, 문화 등 유형·무형의 자원을 이용하여 식품가공 등 제조업, 유통·관광 등 서비스업 및 이와 관련된 재화 또는 용역을 복합적으로 결합하여 제공함으로써 부가가치를 창출하거나 높이는 산업으로서 대통령령으로 정하는 산업을 말한다.

이 법의 목적은 농업의 고부가가치화를 위한 기반을 마련하고 농업·농촌의 발전, 농촌경제 활성화를 도모하여 농업인과 농촌주민의 소득증대 및 국민경제 발전에 이바지하는 것이다. 이 법의 5가지 기본이념은 ① 농촌융복합산업 육성에 의한 농가의 소득증대, ② 농촌경제의 활성화, ③ 농촌융복합산업 생태계 조성, ④ 농업과 다른 산업 간의 융복합화를 통한 농촌융복합산업의 고도화, ⑤ 농촌의 지역사회 공동체 유지, 강화이다.

〈표1-3〉 6차산업법 5가지 기본 이념

1. 농촌융복합산업 육성에 의한 농가의 소득증대

2. 농촌융복합산업 육성에 의한 농촌경제의 활성화

3. 농촌지역 내외의 상생협력과 건전한 농촌융복합산업 생태계 조성

4. 농업과 다른 산업 간의 융복합화를 통한 농촌융복합산업의 고도화

5. 농촌지역의 지역사회 공동체 유지, 강화

정부가 농업6차산업법을 제정한 근본 목적은 농업의 고부가가치화를 통한 소득증대와 농촌공동체 유지다. 그 목적을 실현하기 위해 농업과 다른 산업 간의 융복합화를 수단으로 선택하고 있다. 그 구체적인 실행방안은 농업과 다른 산업의 융복합을 위한 생태계 조성에 모아져있다고 볼 수 있다.

여기에서 6차산업이 추구하는 최종적인 목표는 '지속가능한 지역농업'을 육성하는 것이다. 앞에서 밝혔듯이 이 법의 5가지 기본이념 가운데 다섯 번째는 농촌의 지역사회공동체 유지, 강화이다. 지역농업을 살리면 농촌경제공동체가 살아나기 때문에 농촌커뮤니티가 유지될 수 있다. 따라서, 지역농업을 육성하는 것은 지역사회공동체 살리기와 동전의 앞뒷면과 같은 관계를 맺고 있다. 또, 농업의 6차산업화는 지속가능한 농업을 지원함으로써 안전한 먹거리를 안정적으로 공급한다는 국가적인 차원의 과제이기도 하다.

6차산업은 마을기업, 커뮤니티 비즈니스, 농촌공동체회사 같은 농업경영체의 등장과 함께 꾸준히 성장해오고 있다. 특히, 농촌융복합산업 육성 및 지원에 관한 법률 제정을 전후로 해서 양적, 질적인 면

에서 보폭을 넓혀오고 있다. 2018년 정부의 6차산업 인증사업자수는 1,359개로 지난 2014년 예비인증을 받은 379개에서 3배 이상 증가했다.

(표1-4) 6차산업 인증업체 수

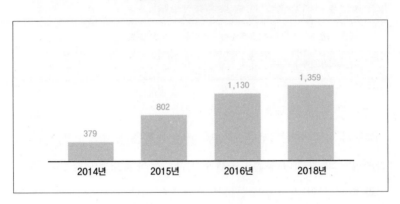

농림부에 따르면 6차산업의 시장규모가 2014년 4조 7천억 원에서 2015년에는 5조 1천억 원, 2016년에는 5조7천억 원으로 증가했다. 또, 2013년부터 2016년까지 1,785개소의 창업이 이뤄졌다.

6차산업이 크게 성장한 데는 첫째, 정부의 다양한 정책적 지원이 큰 힘이 됐다. 관련법이 제정됐고 농촌진흥청, 자치단체, 한국농어촌 공사, 한국농수산물유통공사 등 여러 정부기관에서 6차산업체를 지원하는 자금, 교육, 컨설팅 등의 프로그램을 가동하고 있다. 전국에 6차산업지원센터, 농산물종합가공센터가 설치돼 교육, 시제품개발, 창업자금, 마케팅, 판로개척, 컨설팅까지 손만 내밀면 정부 지원을 받을 수 있게 됐다.

둘째는, 농산업의 새로운 운영주체가 등장한 것이다. 귀농인, 귀촌인, 영농 2세대들의 창농(創農), 취농(就農)이 6차산업을 견인하며 각 지역에서 성공사례로 나타났다. 이들이 6차산업에 참여함으로써 우리 농업은 큰 동력을 얻었다. 6차산업을 활성화하려면 마을공동체, 귀농 (귀촌인)의 투 트랙(two track)으로 방향을 잡고 맞춤식 육성전략을 세워야 한다.

셋째는, 농업·농촌의 다원적(多元的) 가치, 즉 농촌경관, 전통문화 그리고 안전한 먹거리와 환경에 대한 사회적 관심이 높아진 점이다. 로컬푸드의 열풍 등으로 수입농산물보다 안전성을 갖춘 국산농산물의 가치가 새롭게 조명받았다. 또, 주5일제가 정착되면서 '농촌체험'이 가족단위 나들이객들에게 어엿한 관광상품으로 자리 잡고 있다. 농업, 농촌의 경관, 환경교육적 기능이 농촌 비즈니스의 소중한 자원으로 주목받고 있다.

미시간주립대학교 작물학과 오랜 B. 헤스터먼(Oran B. Hesterman) 교수는 실용적이고 지속가능한 먹거리 체계에서 가장 중요한 원칙으로 4가지를 든다. 첫째, 공평성 둘째, 다양성 셋째, 생태학적 온전성, 넷째 먹거리 참여자 모두를 이롭게 하는 경제적 활력이다.[4]

로컬푸드, 소농, 무농약, 직거래, 농민의 가공·유통 참여 등을 핵심으로 하는 농업의 6차산업화는 이 4가지 원칙을 모두 만족시킬 수 있다. 다시 말하면, 6차산업화는 우리 식탁에 먹거리를 공급하는 시스템을 가장 건강하고 안정적으로 유지해줄 수 있는 생산구조이다.

---

4   오랜 B. 헤스터먼 저, 《페어푸드》, 따비(2013.07.20.)

농업의
다각화

통계청의 2015년 농림어업총조사 결과, 국내 전체 108만 농가 가운데 68%에 해당하는 73만 가구의 연간 농축산업 매출액은 1,000만 원이 되지 않는다. 농산물 가격은 하락하고 농업소득은 감소해 농산물을 재배해서 판매하는 것만으로 내일의 농업을 기약하기는 어렵다.

정부는 지난 80년대부터 우리 농업의 가격 경쟁력을 갖추기 위해 농지를 규모화하고 전업농을 육성해왔다. 그러나 통계청의 2015년 농림어업총조사에 따르면 농가의 65%는 여전히 경작면적이 1헥타르 미만의 소농으로 밝혀졌다. 좁은 경지면적, 높은 생산비 등 구조적 문제로 노동생산성은 개선되지 않았다.

6차산업의 가능성을 현실로 보여준 것은 로컬푸드 직매장이다. 국내 농산물 직매장 1호인 완주군 용진농협의 로컬푸드 직매장에는 완주군의 660농가가 농산물 400여 가지, 농산 가공품 150여 가지를 출하한다. 이 직매장을 통해 200여 농가가 1년에 2천만 원 이상의 소득을 올린다. 텃밭에서 농산물을 생산(1차)해서 농산물 가공(2차), 직접 포장하고 가격을 매겨 판매(3차)하는 6차산업이야말로 규모화로는 승부할 수 없는 소농들에게 새로운 돌파구가 된다.

그동안 농민들에게 농산물을 가공·판매한다는 것은 남의 이야기처럼 여겨졌다. 본인이 재배한 농산물에 가격을 붙여 내놓는 일도 생각해보지 못한 발상이었다. 하지만 농업생산활동뿐만 아니라 가공, 판매 등에서도 부가가치를 창출하고 이 과정에 농민이 주체적으로 참여해 소득, 고용을 늘려 지역을 활성화하는 농업 6차산업이 매일 현장에서 증명된다. 농산물 직매장에 담긴 중요한 의미는 한마디로 농업을 농산업으로 다각화하는 일이 가능하다는 것이다.

이마무라 나라오미(今村 奈良臣) 교수는 농업의 6차산업은 단순한 조어(助語)가 아니고 세계적 경제학자인 콜린 클라크(Colin G. Clark)가 주장한 '페티의 법칙'(Petty's Law)에 근거하고 있다고 주장한다. 한 나라의 소득은 1차산업에서 2차산업, 그리고 3차산업으로 갈수록 커지고, 취업인구도 같은 방향으로 증가하기 때문에 1차, 2차, 3차산업 간의 소득격차가 확대된다는 주장이다.[5]

농업의 다각화는 필연적으로 고부가가치로 연결된다. 고부가가치형 농업은 농산물 가치에 토지용역, 노동용역, 자본재용역이라는 새로운 가치가 부가돼 더 높은 가치를 가진 농산물로써 소비자에게 판매되는 형태의 농업이다. 즉, 고품질의 독자 브랜드를 개발해 집산지(集産地)를 형성하는 형태, 유기농산물 등을 직접 판매하는 형태, 농산물 가공 등을 통해 지역특산물을 개발하는 형태다.[6]

이런 정의에 따르면 6차산업의 특징은 부가가치, 소득·고용, 자원

5   日本水土総合研究所、ARDEC 47 ： 農業の6次産業化の理論と実践の課題, 今村 奈良臣, 東京大學名譽教授(2012.12.)

6   高附加價値型 農業に関する考察, 神戸大学農業経済, 高山 敏弘(1988.12.)

의 측면에서 다음과 같이 설명할 수 있다. 첫째, 부가가치의 농촌귀속, 둘째, 지역내 소득 · 고용의 창출, 셋째 농산어촌 지역자원의 활용이다.

---

7   6次産業化定策の課題, フードシステム研究第 22巻1號, 千葉大學 櫻井清一(2015)

농촌 외발적 발전전략의
한계

지난 2011년 한·EU 간 FTA를 시작으로 최근 5년 동안 우리 정부는 미국, 중국 등 세계 주요 국가와 자유무역협정을 체결했다. 급격한 시장 개방으로 농식품 수입은 급증하고 농산물 가격은 계속 하락할 것으로 예상된다. 한국농촌경제연구원은 오는 2036년의 농산물 수입액은 349억 달러로 늘어나 1996년보다 4.3배 증가하지만 같은 기간에 농업생산액은 55조 원으로 1.9배 늘어나는 데 그칠 것으로 전망했다.[8]

지방소멸, 66개 농촌지자체 운명은?

2016년 한국고용정보원은 30년 후면 77개 자치단체가 소멸할 수 있다는 전망을 내놓았다. 이 가운데 66개 지자체는 농산어촌이다. 2016년 농가소득은 도시근로자의 58%, 2036년에는 39%로 더 떨어

---

8   농업·농촌·식품산업의 미래 비전과 지역발전 전략, 한국농촌경제연구원(2016.02.)

져 도농 간 소득격차는 계속 커질 것으로 예상한다. 20호 미만의 마을은 전국에 3천여 개로 심각한 고령화, 과소화(過疎化)가 계속 진행되고 있다.

농정(農政)의 핵심이 규모화, 전업농 육성이었다면 농촌개발은 주로 농공단지, 산업단지, 농촌마을종합개발사업 등을 중심으로 했다. 그 핵심은 기업유치, 관광소득 등 외부 자본을 끌어와 지역을 발전시킨다는 전형적인 '외발적'(外發的) 발전전략이었다.

하지만 공장을 유치해도 농촌에는 큰 도움이 되지 않았다. 전국 자치단체마다 기업, 공장 유치에 사활을 걸다시피 했지만 곳곳에서 파열음을 내고 있다. 조선소가 들어서 한때 활황을 누렸던 경남 거제와 대기업의 조선소, 자동차 생산라인이 들어섰던 전북 군산의 오늘은 어떤가. 본사의 결정으로 지역의 공장이 문을 닫자 협력업체까지 가동을 멈췄고 여기에 기대왔던 지역경제는 한순간에 주저앉고 말았다.

기업이 들어서고 일자리가 생겨도 양질의 일자리는 만들어지지 않았다. 막대한 예산을 들여 산업단지, 농공단지를 조성해도 경기불황에 조업축소, 폐업 등으로 공장 문을 닫으면 그곳에 취업했던 농민들은 갈 곳이 없어진다. 농민이 떠난 논밭은 잡초만 무성한 휴경논으로 전락한다.

농촌경제의 핵심인 농지가 사라지면 농촌경제공동체는 힘을 잃는다. 사람이 떠나고 농촌의 생산활동이 멈추니 마을공동체는 무너질 수밖에 없다. 근본적으로 기업유치는 농촌경제공동체와 양립할 수 없는 구조였다. 사업을 유치한 국회의원, 자치단체장은 낯을 내고, 토목공사를 하는 일부 건설업체만 이득을 보는 전형적인 토건사업이다.

정부의 대표적인 낙후지역개발사업인 개발촉진지구사업은 중앙정부, 지자체, 민간이 지역개발사업을 추진하는 사업이다. 지난 94년 지역균형발전 및 중소기업육성에 관한 법률이 제정됨으로써 96년부터 다섯 차례에 걸쳐 33개 지구가 낙후지역형으로 지정됐다. 관광단지, 온천, 골프장 등의 관광휴양형 사업, 특산물 가공 등의 지역특화형 사업, 도로, 상하수도 정비 등의 기반시설형 사업이 추진됐다.

(표2-1) 낙후지역형 개발촉진지구 지정 현황

구분	1차	2차	3차	4차	5차
사업기간	1996~2005	1998~2008	2000~2010	2000~2010	2002~2012
강원도	태백, 삼척, 영월, 정선	영월, 화천	평창, 인제, 정선	양구, 양양	횡성
충청북도	보은	영동			단양, 괴산
충청남도	청양	홍성	태안	보령	
전라북도	진안, 임실	장수	순창	고창	무주
전라남도	신안, 완도	곡성, 구례	장흥, 진도	보성, 영광	화순, 강진
경상북도	봉화, 예천, 문경	영주, 영양	상주, 의성	안동, 청송	울진, 영덕
경상남도	하동, 산청, 함양	의령, 합천	남해, 하동	합천, 산청	함양

자료 : 낙후지역활성화를위한지역개발법인활용방안연구 : 개발촉진지구를 중심으로, 국토연구원 (2006.07.31.)

낙후지역형 개발촉진지구는 4차례에 걸쳐 모두 16조 1,826억 원의 사업예산이 책정됐다. 이 가운데 민자는 71.7%인 11조 6,070억 원이었다. 개발촉진지구사업의 기본구상은 정부가 SOC 인프라를 개선해주면 접근성이 개선돼 민간자본이 들어와 다양한 지역개발사업이 이뤄진다는 것이었다. 하지만 도로를 깔아줘도 자본유치는 이뤄지지 않았다. 오히려 새로 난 도로를 타고 주민들은 농촌을 떠났다. 지역의 낙후를 막지 못했고 인구유출에 제동을 걸지도 못했다.

농촌마을종합개발사업 또한 마을의 정주 인프라를 개선하는 데는 도움을 줬지만 주민들이 소득기반을 갖추는 데는 한계를 드러냈다. 2005년 이후 추진된 전국 543개 농촌마을종합개발사업 가운데 85개 사업이 부실하게 운영돼온 것으로 농림부의 전수조사에서 드러났다. 아예 운영되지 않는 곳이 25곳이나 됐고 마을의 공동시설을 개인이 무단으로 임대하거나 다른 용도로 사용하는 곳도 있었다.

이유는 무엇일까? 필자는, 정부의 각종 개발사업이 농촌 스스로 부가가치를 만들 수 있는 선순환 구조로 연결되지 못했다는 데서 근본 원인을 찾는다. 개발촉진지구사업을 통해서 농촌으로 가는 접근성은 좋아졌지만 이를 활용해서 농업 외 소득을 올릴 방법을 우리 농촌은 알지 못했다. 정부는 예산이 집행되면 더 이상 관심을 갖지 않았다.

농촌마을종합개발사업의 경우, 방향은 잡았지만 제대로 길을 찾아가지는 못했다. 농산물도 부족한 곳에 농산물 판매장이 들어서고, 아무 경험도 없는 주민들에게 수억 원씩을 지원해 농산물 가공시설, 숙박시설을 지어줬다. 농업에서 발전의 동력을 찾기는 했지만 동력을 가동하는 방법을 알지 못했다. 정부가 계속 보조금을 투입하며 끌어안고 가야 겨우 가동될 수밖에 없는 취약한 구조였다.

---

9   낙후지역활성화를위한지역개발법인활용방안연구 : 개발촉진지구를 중심으로, 국토연구원(2006.07.31.)

(표2-2) 농촌마을종합개발사업 부실지구 현황

운영상황	세부실태	개소
운영	부실운영	51
미운영	공사 중	0
	방치	25
	훼손	0
비정상 운영	용도 외	5
	사유화	2
	법 위반	2
계		85

자료 : 김태흠 의원(자유한국당) 보도자료(2017.10.12.)

(표2-3) 농촌마을개발사업 지역별 부실지구

(단위 : 백만 원)

지역	개소	예산액 총사업비
전남	17	95,034
경북	17	89,490
전북	16	88,248
충북	12	65,786
경남	9	56,002
충남	6	30,362
경기	4	20,024
강원	3	15,442
제주	1	7,148
계	85	467,536

농촌 내발적 발전전략의 완성, 6차산업

농업의 6차산업화는 농업의 1차 생산과 농촌공동체의 활성화를 전제로 한다. 소농들의 자발적 참여, 책임경영, 지역자원이 어우러져 부가가치가 창출되고 그 부가가치는 고스란히 해당 농촌에 남게 돼 농촌 공동체가 살아난다. 즉, 농민들이 농업을 전제로 스스로를 조직화하여 생산, 가공, 유통에서 힘을 갖추고 궁극적으로는 마을 공동체가 되살아나는 지름길이 되는 것이 6차산업이다.

'내발적'(內發的) 발전전략은 일본의 오사까 시립대학 미야모토 겐이치(宮本憲一) 교수가 제안한 지역밀착형 발전전략이다. 기업유치, 공공사업을 통한 지역개발은 자원낭비, 환경파괴, 중앙집중, 인구유출, 지역문화 쇠퇴 등의 부작용을 가져오는 반면 소득, 고용, 조세 등의 기여도는 작다.

미야모토 겐이치 교수가 내린 내발적 발전의 정의는 "지역의 기업, 조합 등의 단체, 개인이 자발적으로 학습해서 계획을 세워, 자주적인 기술개발을 바탕으로 지역의 환경을 보전하며 자원을 합리적으로 이용해, 그 지역의 문화에 뿌리 내린 경제발전을 해나가며 지방자치단

체의 손으로 주민복지를 향상해가는 지역개발"이다.[10]

농촌의 내발적 발전전략은 논, 밭, 개울, 폐교, 마을잔치, 감나무, 바람소리, 별, 반딧불, 옥수수밭 등 지역의 자원을 활용해 부가가치를 창출하는 것이다. 마을주민이 도시로 빠져나가지도 않고, 농사를 포기하지도 않고, 마을에서 벌어들인 소득이 그대로 마을과 마을주민들에게 돌아간다. 노인들도 마을에서 일자리를 얻고 소농들도 제값을 받고 농산물을 판매할 수 있다.

다시 말하면, 농업의 6차산업화는 외부의 자원을 끌어와 농촌을 발전시키는 외발적(外發的) 발전이 아니다. 농촌 내부의 자원을 활용해 부가가치를 창출하고 그 부가가치가 농촌에서 순환하는 내발적 발전의 농촌형 모델이다. 영농을 중단하지 않고서도 농촌에 일자리를 만들고 소득이 나오게 하는 것이다. 지역 문제를 비즈니스적 방법을 통해 해결하는 '커뮤니티 비즈니스'와도 맞닿아 있다.

산촌마을의 '간식거리', 6차산업의 씨앗

지난 1986년에 설립된 일본 나가노현(長野県) 오가와촌(小川村)의 마을기업, '오가와노쇼'(小川の庄)는 일본을 대표하는 마을기업이자 6차산업체이다. '오가와노쇼'는 이 마을의 전통음식 '오야끼'를 만들어 판매한다. 오야끼는 쌀이 부족해 자녀가 학교 갈 때 도시락 대신 신문지에 싸주던 간식이었다. 가난에서 벗어나겠다며 초등학교 동창생이었던

<hr>

10   地域農業の再構成と内発的発展論,守友裕一 , 農業経済研究,第72巻,第2号(2000)

40대의 마을주민 7명이 회사를 차렸다.

이 마을기업은 마을주민들이 영농을 계속할 수 있도록 배려했다. '비가 내리면 일하다가도 빨래를 걷으러 갈 수 있는 거리에 공장을 만든다'는 원칙에 따라 마을에 공장을 설치했다. 즉, 직주근접(職住近接) 방식이다. 취업해서 일하면서도 영농을 지속할 수 있어서 농촌공동체가 그대로 유지됐다.

식재료는 100% 마을주민들이 텃밭에서 재배한 농산물을 사용한다. 영농, 농산물 가공이 밀접하게 맞물려 있다. 근로자는 100% 마을 노인들이기 때문에 부가가치가 온전하게 이 마을에 떨어지게 된다.

문 닫은 한증막, 농촌마을 살리다

지난 2009년, 전북 완주군 구이면 안덕마을. 이 마을에는 당시 한의원에서 운영하던 한증막이 있었다. 한증막은 잘 운영되지 않았고 놀리는 날도 많았다. 주민 50여 명은 1억 3천만 원을 모아서 한증막을 임대했다.

주민들은 한증막을 직접 운영(3차:체험)하고 직접 재배한(1차:생산) 농작물로 식당을 운영(2차:가공)했다. 기업이나 공공기관의 워크숍, 세미나 등을 유치했고 황토방을 지어서 일반 체험 관광객들도 불러 모았다.

문을 닫기 직전이었던 한증막은 주민들이 맡고 나서부터는 24시간 운영될 정도로 인기를 얻었다. 그 결과, 한 달에 5천만 원의 매출을 올리고 마을주민 10명이 일자리도 얻게 됐다. 그동안 노인들이 텃밭에서 키운 농작물을 전주까지 가서 팔아서는 상상하기조차 어려운 일이었다.

농업의 6차산업화는 두 마을의 운명을 바꾸어 놓았다. 마을주민들이 마을의 자원을 활용해 부가가치를 창출하자 일자리, 소득이 만들어졌다. 당시만 해도 안덕마을과 오가와노쇼 주민들의 노력을 6차산업이라고 부르는 사람은 없었다. 이런 움직임이 사회적으로 주목받으면서 6차산업은 한국과 일본에서 농정의 최우선 과제로 추진되고 있다.

일본에서는 이미 2011년 3월부터 '지역자원을 활용한 농림어업자 등에 의한 신사업의 창출 및 지역 농림수산물 이용 촉진에 관한 법률'(地域資源を活用した農林漁業者等による新事業の創出等及び地域の農林水産物の利用促進に関する法律) 즉, 6차산업화법이 시행되고 있다. 일본 농림수산업 지역활력창조본부가 정리한 농림수산업 지역활력창조플랜은 2020년까지 6차산업의 시장규모를 10조 엔으로 증가시킨다는 목표를 담고 있다.[11]

농업의 6차산업화는 이처럼 해당 마을에 부가가치가 그대로 남아서 그 지역을 살찌우는 내발적 발전전략을 농촌에 구체화하는 실천방법이다. 지역의 영농조합, 기업, 지자체, 협동조합, 대학, NGO, NPO 등이 6차산업을 통해 네트워크를 구성하면 그 지역만의 경제축이 만들어진다.

내발적 발전전략의 조건은 ① 지역의 노인 등을 포함한 노동력, 인재의 활용, ② 원재료의 지역 내 조달, 지역자원의 유효활용, ③ 지역의 중소자본, 제3섹터, 농협, 농업생산법인, 임의조합, 개인 등의 참

---

11   6차산업화연구 연구자료 제2호, 농림수산정책연구소(2015.01.)

여, ④ 생산에 기초를 두는 것이다.[12]

농업의 6차산업화는 이 네 가지 조건을 충족하여 지역에서 시작한 사업의 부가가치가 그대로 지역에 머무는 구조로 되어 있다. 농민들이 마을을 떠나지 않고 계속 영농을 하며 2차, 3차산업에 참여할 수 있다. 또, 경지면적이 넓은 대농이 아니더라도 소농, 귀농, 귀촌자에게도 길이 열려있어 지역 인력을 폭넓게 활용할 수 있다.

---

12   地域農業の再構成と內發的發展論, 守友裕一, 農業經濟硏究 第72卷, 第2号(2000)

3장.
우리나라 6차산업의
우수사례

문 닫힌 한증막에서
희망을 일구다

공동체형_안덕마을(전북 완주군)

6차산업의 가능성이 있다고 해서 정부의 인증을 받은 곳이 전국에 1,000개가 넘는다. 지역의 특산물을 생산, 가공한 경우가 대부분이다. 1차산업이 바탕이 된 것이다. 그런 측면에서 농업기반도 부족한 완주군 안덕마을이 10년을 헤쳐온 스토리가 우리 6차산업에 주는 의미는 작지 않다.

전북 전주에서 순창 방면으로 왕복 4차선 도로를 타고 가다 보면 오른쪽으로 전북도립미술관을 지나서 '안덕(安德)마을'이라는 표지판이 나온다. 안덕마을 초입에는 한옥, 황토방 건물이 있고 안쪽으로 더 들어가면 아담한 한증막을 만나게 된다.

이 한증막에서는 쑥뜸을 놓아준다. 뜸이 끝나면 한증막 뒤에 있는 폐광산에 들어가 땀을 식힌다. 땀을 흘리고 출출해지면 2층 식당에서 밥을 먹는다. 한증막 운영은 물론 쑥뜸을 놓고 식당에서 음식을 차리는 사람들은 모두 안덕마을 주민이다. 한증막이 마을 주민들의 일자리가 된 것이다. 마을 주민들이 한증막을 운영하게 된 사연이 궁금하지 않을 수 없었다.

시골주민들, 한증막 인수하다

2003년, 인근의 한의원에서 환자를 위한 휴식공간을 겸해 이 마을에 한증막을 설립했다. 하지만 겨울을 빼고는 손님이 적었다. 여름에는 거의 없어서 오후 6시면 문을 닫았다. 이 마을에 사는 유영배 씨의 눈에 한증막이 들어왔다. 주민들이 운영해도 되겠다는 생각이 들었다. 한증막 운영에 어려움을 겪던 한의원에서도 주민들이 맡아보겠다고 하자 흔쾌히 수락했다.

유영배 촌장은 2007년부터 안덕리의 4개 마을 주민들을 만나 한증막을 운영해보자며 설득했다. 설득하는 데는 1년이 걸렸다. '우리가 그것을 할 수 있겠냐, 하다가 망하면 어떻게 하냐', 별소리가 다 나왔다. 그래도 유 촌장에게는 쉬운 일은 아니겠지만 충분히 할 수 있겠다는 자신감이 있었다.

마침내 2009년 1월, 53명으로 안덕 파워영농조합법인이 출범했다. 주민들이 낸 1억3천만 원의 출자금이 종잣돈이 됐다. 곧바로 그해 8월, 한의원과 마을주민들 간에 협약이 체결됐다. 두 달의 인수기간을 거쳐 10월부터 주민들이 한증막을 맡았다. 임대료 월 250만 원을 내는 조건이었다.

마을에서 한증막을 맡고나서부터 상황이 180도 변했다. 여름이면 오후 6시에 문을 닫았던 한증막은 주민들이 맡고난 다음부터는 24시간 운영될 만큼 인기를 얻고 있다. 일단, 직접 출자해서 한증막을 맡은 만큼 주민들이 팔을 걷어붙이고 운영에 참여했다. 시골 할머니들이 직접 차려내는 시골밥상도 인기였고 금 기운이 나온다는 폐광산도 훌륭한 관광자원 역할을 했다.

전국적으로 많은 농산어촌 체험마을이 있지만 자연환경이나 프로그램이 대부분 엇비슷하다. 그런데 안덕마을의 '한증막'은 대단히 차별화되는 자원이다. 남녀노소가 시간, 날씨와 관계없이 24시간 이용할 수 있다는 점은 큰 매력이다. 확실한 집객(集客) 거점을 확보한 것은 분명한 경쟁력이 아닐 수 없다.

"2008년에 모악산 주차장 부근에서 10일 동안 직거래 장터를 열었습니다. 주민 10명이 가서 꽤 팔았지만 인건비, 교통비 빼면 남는 게 많지 않았어요. 그때 이런 생각이 들었어요. 꼭 사람 있는 곳을 찾아갈 필요가 있느냐. 사람들을 마을로 오게 하자. 우리 마을에는 충분한 자산이 있다." 그러면서 그는 한의원에서 운영하던 한증막을 떠올렸다는 것이다. 당시만 해도 농촌에 한증막은 드물었기 때문에 나름의 경쟁력이 있다고 판단했다.

안덕마을

한증막은 안덕마을이 6차산업의 길을 개척하는 데 가장 든든한 기반이었다. 임대를 얻어 운영하다 9년 만에 인수했다.

이런 힘을 바탕으로 9년 동안 운영하다 2017년 이 한증막을 8억 원에 매입했다. 유 촌장은 지난 10년간의 데이터를 바탕으로 한증막을 인수해도 충분히 가능성이 있다는 점을 주민들에게 설명했다. 임대료가 계속 늘어나 한 달에 500만 원이나 되는 월세를 아끼고 싶었고 또 직접 맡아도 될 만큼 자신도 있었다.

만약, 정부 보조금으로 한증막을 지어줬다면 어떻게 됐을까? "잘 안 됐을 겁니다." 주민들이 한 푼 두 푼 돈을 모아서 함께 해보자는 의지가 바탕이 됐기 때문에 가능했지, 정부 보조금만 가지고 밀어붙였다면 진작에 문을 닫았을 거라는 주장이다.

군청 찾아갔더니 '사기꾼'처럼 쳐다봐

법인을 만들기 위해 완주군청을 찾아갔을 때의 에피소드다. "한마디로 사기꾼 쳐다보듯이 보더라고요. 또 무슨 보조금을 빼먹으려고 왔나 하는 시선으로 담당직원이 저를 바라봤습니다." 그때만 해도 농촌에서는 보조금 사고가 적지 않게 터져 나왔다. 보조금을 받으려면 법인을 구성해야 하는데 5명만 있으면 법인을 만들 수 있었다. 가족끼리 법인을 만들어도 문제가 되지 않았다.

그렇게 급조된 법인들은 거의 운영되지 않거나 보조금이 끊기면 활동이 중단됐다. 하지만 53명의 마을주민이 낸 1억 3천만 원의 출자내역과 주민들의 인감증명이 첨부된 사업계획서를 보고 군청 담당자는 깜짝 놀랐다고 한다.

유 촌장은 법인을 만들면서 한 가지 원칙을 고수했다. 수익이 발생했을 때 수익금이 출자를 많이 한 소수의 사람에게 몰리면 안 된다고 생각해서 1인당 출자금 상한선을 자본금의 10%로 정했다. 몇 사람의 고액 출자자 중심으로 운영되면 법인에 공동체의 의미가 퇴색한다고 판단했기 때문이다. 1구좌에 만원이었다.

유영배 촌장이 안덕파워영농조합법인 창설을 주도한 때가 43살 무렵인데 올해 그는 52살을 맞았다. 10년을 큰 어려움 없이 헤쳐온 배경으로 출자액에 상한선을 둔 것을 꼽았다. 골고루 여러 사람이 참여하도록 했더니 한두 사람에게 끌려가지 않고 공동체 정신이 유지되더라는 것이다.

시장변화에 맞게 끊임없이 변화해야

안덕영농조합법인이 주목 받은 데는 지리적 배경도 한몫했다. 안덕마을은 모악산(母岳山)을 끼고 있다. 793미터의 모악산은 증산교의 성지(聖地)이며 미륵(彌勒)도량 금산사(金山寺)를 품고 있다. 명상(冥想) 여행단도 줄을 이었다.

안덕마을은 이런 역사적 뿌리에서 힌트를 얻었다. 명상하러 오는 사람들은 세파에 지친 사람들이다. 이 사람들에게는 '휴식'이 필요하다. 한증막을 운영하면서 마을주민들은 '힐링'(healing)을 테마로 정했다. 농촌체험을 주요 테마로 한 농촌체험마을은 많지만 성인을 타깃으로 한 농촌마을은 거의 없었다.

전통 구들방식의 황토 한증막, 쑥뜸, 폐광산 산책, 건강밥상, 모악산 마실길은 성인들에게는 더할 나위 없는 '건강 힐링' 상품이었다. 기업을 비롯한 각종 단체에서 문의가 들어왔다. 전라북도에서 추진하는 향토마을로 지정돼 세미나실을 확충해서 공공기관과 기업들의 워크숍, 세미나, 수련회 등 각종 행사를 유치했다.

주로 황토방으로 이뤄진 숙박시설은 최대 250명까지 수용할 수 있고 주말예약은 한 달 전에 끝날 정도다. 최근에는 주 고객이 가족단위 방문객으로 이동하고 있다. 가족, 친지 중심의 모임을 통해 숙박 고객이 늘어나는 추세다. 특히 7, 8월과 9, 10월은 학생들의 단체 방문이 늘고 있다. 가족, 학생들에 맞춰 2012년에는 각종 놀이기구를 갖춘 어드벤처 체험장을 개설했다.

식당 운영에도 변화를 줬다. 많을 때는 하루에 400명이 이용하기 때문에 위생문제를 소홀히 다룰 수 없고 일정한 품질을 유지하는 것도 중요했다. 여기에 맞는 운영 시스템이 필요했다. 그래서 2012년에 별도의 독립 법인을 만들어서 식당을 맡겼다. 식당에서 사용하는 농산물은 마을에서 재배한 것을 우선으로 구매하고 이익의 10%는 마을에 내는 것을 조건으로 한다. 식당을 운영하는 사람은 모두 마을 주민이다.

2009년에는 죽염된장을 만들어 좋은 반응을 얻기도 했다. 하지만 경쟁업체들이 뛰어들자 생산량을 크게 줄였다. 마찬가지로 마을에서 생산되는 감을 이용해서 감효소를 만들었지만 지금은 완전히 접었다. 효소가 초창기여서 시장성이 좋았지만 많은 제품이 출시되면서 수익성이 떨어진 것이다. 건강식품은 트렌드가 있기 때문에 시장이 포화상태로 들어가면 그 비중을 줄이거나 시장에서 철수하겠다는 뜻이다.

이런 노력으로 안덕파워영농조합법인은 2017년 8억 원의 매출을 올렸다. 2009년 3억 원에서 꾸준히 성장한 것이다. 안덕영농법인의 강점은 한증막, 숙박, 식당의 매출이 고르게 유지된다는 것이다. 한증막이 2억 8천만 원, 숙박이 3억 5천만 원이다. 독립법인으로 운영되는 식당은 4억 원의 매출을 올렸다. 초창기에는 한증막 수입이 가장 컸지만 지금은 숙박매출이 한증막을 따라잡았다. 10년에 걸쳐 수입구조를 안정적으로 다듬어낸 결과이다.

안덕영농법인에서는 마을 주민 10명이 한증막, 사무국, 시설관리 등에서 상근직 일자리를 얻었다. 이 가운데 절반은 60대 이상이다. 성수기나 야간에 일하는 비상근직은 10명이다. 2009년 53명이 출자해서 만든 안덕파워영농조합법인에는 지금은 78명이 참여하고 있다. 자본금도 당시 1억 3천만 원에서 4억 천만 원으로 늘었다.

돈 벌어서 '소농'을 살리다

안덕파워영농조합법인이 생기면서 시골 마을에는 크고 작은 변화가 생겼다. 우선은 농산물을 판매하는 데 부담을 덜게 됐다. 안덕영농법인은 법인에 가입한 회원들이 요구하면 농산물을 전량 수매하는 것을 원칙으로 한다. 농민들이 시장이나 도매상에서 제값을 받기 어렵겠다고 판단하면 안덕영농법인에서 시가수준으로 매입해준다.

2017년 과잉생산으로 배춧값이 폭락했을 때도, 안덕영농법인에서는 농민들이 생산비는 건질 가격에 배추를 매입해줬다. 배추 10,000포기를 절임배추로 만들어 로컬푸드 매장에 내다 팔았다. 안덕영농법인에서 수매하지 않았다면 수확도 못 하고 갈아엎었어야 할 배추였다.

들기름의 경우도 마찬가지다. 주민들이 요구하는 가격에 들깨를 매입하면, 기름을 짜서 판매해 이익을 내기 어렵다. 차라리, 시장에서 싼 가격에 들깨를 사서 기름을 짜서 팔면 훨씬 이익이다. 농산물 수매를 하면 할수록 안덕영농법인은 손해를 보는 구조다. 하지만 지역공동체와 마을주민들을 위해서 꼭 필요하다고 판단하기 때문에 매입하는 것이다. 법인총회에서는 주민들이 그해 재배하는 농산물의 수매량을 요구하기도 한다.

5년 만에 안덕마을을 다시 방문했을 때, 마을 입구에 현대식 건물 한 동이 눈에 들어왔다. 숙박시설이 부족하지만 당장 한옥을 지을 여건은 되지 않아서 민자를 유치했다는 설명이다. 2016년에 외부의 민간인이 건물을 짓고 안덕마을에서 임대해서 사용하고 있다. 그만큼 마을운영에 자신감이 붙은 것이다.

정부만 보고있으면 안 돼, '마을자치'가 정답

유영배 촌장은 인터뷰에서 '마을자치'라는 말을 유난히 강조했다. 정

'마을자치'를 표방하는 안덕마을의 주민총회. 돈을
벌어 '소농' '마을'을 살린다는 것을 목표로 한다.

부만 바라볼 것이 아니라
마을에 필요한 일은 스스로
할 수 있는 힘을 키워야 한
다는 것이었다. 필자가 유
촌장과 7년 사이에 진행한 3
번의 인터뷰에서 '마을자치'
에 대한 언급은 빠진 적이 없
다. 정부가 할 수 없는 세부적인 일은 마을공동체가 스스로 해결해나
가야 마을이 살아난다는 소신이 그만큼 강했다.

"내 개인 같으면 수익은 얼마든지 더 낼 수 있습니다. 하지만 마을
에 공헌하려면 돈벌이만 할 수는 없습니다. 예를 들면 젊은 사람 한
명 쓰면 될 일을 노인 2, 3명을 고용하는 거죠. 농산물 수매도 마찬
가지고요." 마을공동체를 살리는 데 필요한 돈을 조달하기 위한 경제
활동이 자신들의 '역할'이라는 얘기다. 그의 설명을 듣고 보니 제대로
된 마을기업이 얼마나 중요한지 실감했다.

법인에 출자한 주민들에게 해마다 본인 출자금의 10%를 배당금으
로 지급한다. 인근 4개 마을에는 해마다 5백만 원씩을 마을발전기금
으로 내놓는다. 마을이장이 주민들과 협의해서 쓰고 싶은 곳에 쓸 수
있도록 한다. 90세 이상의 노인들에게는 감사수당도 주고 있다.

'우리 마을에는 변변한 농산물도 없는데 어떻게 농산물을 가공해서
6차산업을 하나요?' 이렇게 하소연하는 농민들이 꼭 찾아봐야 하는
곳이 바로 안덕마을이다. 농산물 집산지도 아니고 특산품도 없고 이
름조차 생소한 벽촌이었지만 소농들이 뭉쳐 지역의 자원을 보물로 만
들었다.

성장 포인트 ✏️

1. 연중 집객을 위해서는 대표 시설, 프로그램이 필요하다. 이 마을기업은 24시간 운영되는 '한증막'을 통해서 남녀노소가 어느 때라도 방문할 수 있는 확실한 집객 거점을 확보했다.

2. 이 마을만의 컨셉을 내세웠다. 모악산이라는 지리적 이점을 최대한 활용해서 '휴식', '명상' 등으로 대표되는 '힐링'(healing)을 주제로 설정했다. 이런 테마는 직장인, 단체의 워크숍, 가족모임 등을 유치하는 데 효과를 나타냈다.

3. 농산물 수매를 통해 지역공동체를 활성화해 나가고 있다. 판로가 어려운 소농들을 위해서 농산물을 매입하는 등 지역민과의 유대관계를 다져가며 지역공동체의 구심점 역할을 하고 있다.

여성이장
'돌봄'의 리더십이 있었네

공동체형_양떡메 정보화마을(경남 합천군)

돈을 벌어서 1년 내내 주민들에게 점심 무료급식을 하는 영농조합이 있다. 농산물 가공을 통해서 마을사업의 교과서처럼 인정받는 양떡메마을이다. 정부 보조금으로 추진하는 마을사업이 곳곳에서 삐걱거리고 있지만 이 마을은 보조금사업을 잘 꿰어 6차산업의 발판으로 활용했다.

경상남도 합천군 초계면 양떡메마을. '양떡메'는 양파, 떡가래, 메주의 머리글자를 딴 일종의 브랜드다. 원래 이곳의 이름은 '하남'마을이었는데 왠지 밋밋한 느낌이었고 아무리 잘해도 외부에서는 경기도 하남시와 헷갈리는 경우가 많았다. 이왕이면 마을을 잘 알리는 이름으로 바꾸자며 한 마을주민이 '양떡메'라는 이름을 제안했다고 한다.

마을주민들이 양파즙, 떡가래에 눈을 돌린 것은 등외품 양파 때문이었다. 수확할 때 흠이 생기거나 모양이 좋지 않은 양파는 제값을 받기 어려웠다. 면소재지 건강원에 가져가면 양파즙을 내주지만 수수

'양떡메마을'이라는 이름에는 마을사업에 대한 투박하지만 솔직하고 분명한 주민들의 마음가짐이 담겨있다.

료가 너무 비쌌다. 이럴 바에야 마을에서 직접 해보자는 의견이 나왔다. 떡가래도 만들어 떡국용으로 판매하면 쌀 소비에도 도움이 될 것 같았다.

흔하디흔한 양파즙으로 마을사업이 성공할 수 있을까. 해보니까 되더라는 게 양떡메 정보화마을 운영위원장 성영수 씨의 설명이다. 56년생인 성 위원장은 공무원인 남편의 고향 양떡메마을에 시집와서 공장에서 일하고 6년 동안 학교 앞에서 분식점을 운영해보기도 했다. 이때의 경험이 양떡메마을을 운영하는 데 밑거름이 됐다.

합천군 첫 여성이장, 찜질방으로 주민의 마음을 얻다

성영수 위원장은 2003년 경남 합천군에서 처음으로 여성이장으로 선출됐다. 여기에는 숨은 이야기가 있다. 당시 합천군에서 370여 개 전

체 마을 가운데 여성이장을 뽑는 마을에는 3천만 원의 사업비를 주겠다고 제안했다. 마을주민들은 합천군 생활개선회장을 맡고 있던 성영수 위원장에게 2년만 이장을 맡아달라고 부탁했다. 성 위원장은 요청을 받아들였다. 단, 이 사업비를 마을의 여성들을 위해 쓴다는 조건이었다.

성 위원장의 머릿속에는 마을주민들을 위한 찜질방이 자리 잡고 있었다. 여성들에게 가장 필요한 시설이라고 생각했고 마을에 들어온 예산을 도로에 깔아버리는 것은 탐탁지 않았다. 실제로 이장이 되고 나서 이 사업비를 마을회관에 8평 규모의 찜질방을 설치하는 데 사용했다. 지금도 남·여가 하루씩 번갈아가며 이 찜질방을 사용한다. 찜질방은 정부사업에 참여하니 실제로 생활에 보탬이 된다는 점을 주민들에게 보여준 생생한 '증표'였다.

이장을 맡아 보니 마을을 발전시키는 데는 이장의 역할이 정말 중요하다는 사실을 깨달았다. 임기가 다 되자 한 남성 주민이 이장을 하겠다고 나섰다. 성 위원장은 '4년을 더 하면 정부의 마을사업에 도전해서 마을을 바꿔보겠다'는 공약을 내걸었다. 마을이장을 투표로 뽑자고 제안한 것이다. 투표제안에 공약까지 들고나오자 남성 주민이 선거를 포기했고 성 위원장에게 일할 기회가 다시 돌아왔다.

공약을 지켜야 하는 순간은 바로 찾아왔다. 2005년에 정부는 농촌건강장수마을을 공모했다. 당시에는 마을의 자부담이 없었다. 성 위원장은 꼭 이 사업을 따내고 싶었다. 마침 합천군에서는 양떡메마을만 공모에 참여했다. 당시 공무원들은 왜 흔해 빠진 양파즙 사업을 하느냐고 묻자 '개인이 양파즙을 짜는 것과는 다르다. 이것은 우리 마을이 공동의 이익을 위해 하는 것'이라며 설득했다.

첫해 4,800만 원을 지원받아서 40평 규모의 양파즙 공동작업장을 건립했다. 착즙기, 떡 찌는 보일러, 콩 삶는 기계 등을 차례로 구입했다. 처음에는 사업자등록증도 없이 양파즙, 떡가래, 메주를 만들어 팔았다. 아무 경험도 없어서 주민들이 팔아오면 10%를 판매수당으로 주는 방식을 도입했다. 5년 동안 경리를 두지 않고 성 위원장 혼자서 이장을 하면서 경리까지 맡았다. 사람 한 명의 인건비가 얼마나 큰 부담인지는 본인이 분식점을 운영하면서 뼈저리게 느꼈기 때문이다.

마을사업, 돈 어떻게 쓰는가도 중요하다

"마을사업은 돈을 버는 일 못지않게 잘 쓰는 게 중요합니다. 주민들에게 실제로 도움이 되도록 써야 마을사업이 좋다는 사실을 알고 적극적으로 협조하는 것입니다." 농촌건강장수마을로 선정되면서 정부에서 받은 돈은 모두 1억 3,200만 원이다. 이때 성영수 위원장이 정한 원칙이 있다. 마을사업을 통해 돈을 버는 일도 중요하지만, 번 돈을 주민들의 생활에 직결되는 데 바로바로 쓰겠다는 것이다. 고생한 만큼 보람을 갖게 하고, 돈을 벌었더니 마을이 좋아진다는 것을 주민들이 피부로 느끼게 하는 게 중요하다고 판단한 것이다.

마을회관에 운동기구를 설치하고 노인들을 위한 풍물장비, 생활한

복도 구입했다. 선진지 견학도 가고 거동이 불편한 여성 노인들을 위해 마을회관에 실내 화장실과 주방도 설치했다. 전체 마을주민에게 무료급식도 실시하기로 했다.

양떡메마을의 양파즙, 떡가래 매출이 본궤도에 오른 데는 정보화마을의 힘이 컸다. 2008년 정보화마을로 선정되면서 마을 전체에 인터넷 케이블이 깔렸다. 주민들을 대상으로 컴퓨터 교육도 실시했다. 가장 큰 변화는 전자 상거래였다. 온라인 판매에 들어가자 매출이 급성장했다. 양떡메마을이라는 이름이 만들어진 때도 이 무렵이다.

주문이 계속 늘면서 지금 같은 방식으로는 안 되겠다고 판단해 정부에 마을기업을 신청했다. 2010년, 두 번째 도전만에 마을기업에 선정돼 1억 원을 지원받아 양파 착즙기, 떡가래 생산과 관련된 설비를 모두 자동화했다. 그러자 그해 매출이 3억 원을 돌파했다. 2013년에는 전국 마을기업 경진대회에서 2등을 하면서 2천만 원을 지원받아 계속 가공시설을 확충했다.

정규회원 10,000여 명, 온라인 판매 50%

양떡메마을은 양파즙, 떡가래라는 평범한 가공식품을 만들지만 판매구조는 대단히 안정적이다. 현재 온라인, 오프라인 판매비율이 절반씩이다. 오프라인 판매는 전화주문이 대부분이다. 정규회원 10,000여 명을 확보하고 있다. 그만큼 품질을 인정받고 있으며, 고객관리에 신경을 쓰는 것이다. 이런 실적에 힘입어 1년에 3천여 명의 체험객이 양떡메마을을 다녀갔다. 앞으로는 체험객이 장을 담가놓으면, 장독대를 관리해주는 방식의 사업도 준비하고 있다.

양떡메마을은 가공식품의 원료가 되는 양파, 쌀, 콩 등 농산물 매입에 분명한 원칙이 있다. 마을에서 생산된 농산물값을 농협의 수매가격보다 더 쳐준다는 것, 경지면적이 적은 소농, 고령농, 그리고 모양새가 좋지 않거나 흠이 난 농산물을 우선 구매해준다는 것이다.

2017년 양떡메마을은 4억 원의 매출을 올렸다. 사업초기에는 양파즙 매출이 가장 많았지만 지금은 떡가래가 50%, 양파즙이 40%, 메주가 10%다. 떡가래는 해마다 9월부터 4월까지 생산한다. 산업형태별로는 2차 가공이 80%, 1차 농산물 판매가 10%, 3차 체험이 10%다.

매출이 증가하면서 일자리도 생겼다. 양떡메마을에서는 4대 보험에 가입된 4명의 일자리가 있고 성수기에는 20명 안팎의 시간제 일자리가 생긴다. 전자상거래를 담당하는 사무장의 인건비는 정부에서 80%를 지원받는다. 양떡매 마을의 온라인 매출이 50%까지 올라가며 매출이 안정적으로 자리 잡은 데는 사무장의 공도 적지 않았다.

2014년에는 전국 6차산업 경진대회에서 우수상을 받으며 전국에 알려졌다. 농림부와 농촌진흥청이 전국의 마을경영체, 영농법인 등에 견학 코스로 양떡메마을을 추천하고 있다. 2017년 30명 단위의 단체 방문객 100팀이 마을사업을 견학하려고 양떡메마을에 다녀갔다.

무료급식, 급식공동체, 마을공동체

양떡메마을은 2009년부터 마을 급식소에서 무료급식을 한다. 주민들의 반응이 좋아서 2011년부터는 전체 52가구 110명의 주민에게 매주 5

일 점심식사를 제공한다. 마을주민 한 명이 월급을 받고 전담해서 식당을 운영한다. 무료급식은 성 위원장이 2005년 농촌건강장수마을에 응모할 때 사업계획서에 담았던 내용이자 성 위원장의 오랜 꿈이다.

"여자들은 평생, 자식, 남편, 부모 밥만 해주고 살지 않습니까? 남이 해주는 밥을 먹으면 그래도 좀 행복하다고 느끼지 않겠습니까?" 지금은 급식소가 좁아서 60명 정도만 수용할 수 있다. 초창기에 마을사업으로 지원받아서 건립한 공장건물을 급식소로 사용하고 있다. 2019년에 새 급식소가 완공되면 100명까지 이용할 수 있고 그때부터는 저녁급식까지 한다는 계획이다.

필자가 방문한 날에도 점심 때 '무료급식'이 이뤄졌다. 양떡메마을에서 무료급식은 단순히 돈 안 내고 밥 먹는 것 이상의 의미가 있다. 적어도 점심시간만큼은 마을 주민들이 모여서 밥을 먹으며 서로의 안부를 묻는다. 식당 밖에서는 남자 주민들이 식사를 마치고 담배를 피

마을 주민이 매일 점심을 함께하는 양떡메마을의 무료 급식소. 6차산업의 수익금이 전체 마을주민에게 고루 돌아가고 그 혜택을 가장 피부로 느낄 수 있는 마을복지사업이었다.

우며 담소를 나누고 있었다. 매일 점심시간에는 급식소가 있는 마을 회관이 마을주민들로 활기가 넘친다. 마을 잔칫날이 아닌데도 많은 마을주민이 하루에 한 번은 꼭 모인다는 것은 적지 않은 의미가 있다. 마을에 '구심점'이 생겼다는 뜻이다.

필자는 '무료급식소'가 '급식공동체'를 낳고 그것이 확산되면 '마을 공동체'를 탄탄하게 해줄 것이라는 생각이 들었다. 성영수 위원장은 양떡메마을사업이 오늘에 이르기까지 큰 문제가 없었던 것은 마을의 수익금을 잘 썼기 때문이라고 말한다. 해마다 마을에 150만 원의 장학금, 졸업축하금을 주고 합천군에도 10년 넘게 교육발전기금으로 100만 원씩 기부한다. 마을주민들에게 김장해서 나눠주고 초계면 소재지의 경로당 20곳에 해마다 떡국을 대접한다.

지금까지 오면서 가장 어려웠던 점은 사업 초창기, 시설도 제대로 갖춰지지 않은 여건에서 양파를 씻어 즙을 낼 때였다고 한다. 하지만 이 시간이 소중한 경험이 됐다. "사업을 하면서 일정한 경험이 쌓여서 잘할 수 있겠다는 전망이 설 때, 정부 보조금을 지원받아서 시설을 지어야 합니다. 처음부터 무턱대고 시설을 짓는 일은 반드시 피해야 합니다." 성 위원장의 지적이다.

앞으로의 계획에 대해서 정부가 요양원을 지어주면 마을에서 직접 운영해보고 싶다는 뜻을 털어놓았다. "우리 양떡메마을의 어르신들이 마지막 가는 길도 먼 데 가지 않고 마을에서 준비할 수 있도록 해드리고 싶습니다." 성 위원장은 거창한 사업 대신에 마을의 어르신을 위한 요양원을 먼저 떠올렸다. 이장이 되고 나서 첫 사업으로 마을여성들을 위해 찜질방을 설치했던 에피소드가 생각났다. 오랜 기간 마을공동체에 애정을 갖고 살아온 주민에게만 나올 수 있는 포부다. 이런 마음 씀씀이가 마을 주민들을 움직였을 것이다. 여성 특유의 '돌봄의 리더십'이 떠올랐다.

6차산업은 농업의 다각화를 통해 부가가치를 키우는 것이다. 하지만 그게 전부는 아니다. 수익을 바탕으로 마을의 공동체에 힘을 불어넣는 것 또한 6차산업이 지향하는 귀결점이다. 양떡메마을이 만들어가는 6차산업의 최종목표이기도 하다.

성장 포인트

1. 정부지원사업을 유용하게 활용해서 마을의 각종 시설을 갖추는 데 주민들의 부담을 줄일 수 있었다.

2. 무료급식 등의 수익환원사업을 통해 마을사업에 대한 마을주민들의 참여, 공감대를 끌어냈다.

3. 여성 이장의 '돌봄의 리더십'은 고령화하는 농촌마을의 고충, 애환을 어루만져 주민들을 결속시키는 데 큰 힘이 됐다. '돌봄의 리더십'은 농촌의 새로운 리더십으로 평가받을 수 있다.

대기업 선물용,
'명품'으로 탄생한 된장

식품가공형_궁골식품영농조합법인(충남 논산시)

장맛이 좋아서 백화점에 진출하고 학교급식을 도맡아 하는 영농법인이 있다. 물량이 달려서 주문량만큼 댈 수 없을 정도다. 5천만 원을 대출받아 시작한 영농법인이다. 거기에는 시골 농민들의 콩을 팔아주고 된장찌개를 끓여 된장맛을 홍보하던 50대 주부의 열정이 있었다.

궁골식품영농조합 전경.

충남 논산시 상월면 소재지에서 10여 분을 가니 마을입구에 궁골식품이라는 멋지게 만들어놓은 이정표가 있었다. 여기서 자동차 한 대가 다닐 수 있는 마을 골목길을 따라서 1분 정도를 들어가자 막다른 곳에 궁골식품영농조합이 있었다.

정확히 말하면 먼저 눈에 띈 것은 양지바른 곳에 모인 수백 개의 장독이었다. 장독 하나에 80만 원이니 500개면 4억 원이다. 또, 장독에 들어있는 장은 5억 원어치다. 궁골식품영농조합법인의 최명선 대표는 원래 대구 출신으로 논산에는 아무 연고가 없었다. 그렇다고 하니 장독이 이 자리에 놓이기까지의 스토리가 더욱 궁금해졌다.

콩, 메주 팔아주다가 사업에 뛰어들어

최명선 대표는 퇴직한 남편과 함께 2005년 8월, 계룡산 자락에 농가주택을 구입해 터를 잡았다. 산 좋고 물 좋은 농촌에서 여생을 보낼 생각이었다. 자리를 잡고 나니 지인들이 좋은 농산물을 구해서 보내 달라는 부탁을 해왔다. 마을주민들이 재배한 콩을 지인들에게 소개해 주면서 최 대표와 장(醬)의 만남이 시작됐다.

처음에는 콩만 팔아주면 되겠지 하고 생각했다. 계속 농산물의 판로를 알아봐 주던 최 대표는 힘들게 농사짓는 것 치고는 콩값이 생각보다 싸다는 사실을 알게 됐다. 자연스럽게 '그 값에 팔 바에는 이왕 고생하는 거 메주를 쑤어 팔면 돈을 더 벌 텐데' 하는 생각이 들었다.

콩 한 말(8kg)을 팔면 18,000원에서 20,000원을 받지만 메주를 쑤어 팔면 6만 원을 받을 수 있었다. 하지만 누구도 메주를 만들 생각을 하지 않았다. 보다 못한 최 대표가 주민들이 메주를 쑤면 본인이 직접 메주를 팔아주겠다며 나섰다. 이렇게 해서 친지나 지인들에게 메주를 팔아주기 시작했다. 팔아주기는 해도 수수료를 받지는 않았다.

메주와의 인연은 계속 이어졌다. 메주를 사간 최씨의 지인들은 아파트에서 메주를 띄웠지만 제대로 된 장맛이 나지 않는다고 투덜댔다. 공기, 바람, 물이 농촌과 다르니 제 맛을 내기는 어려웠던 것이다. 할 수 없이 지인들은 장독을 궁골마을로 내려보냈고 최씨가 직접 장독을 돌보게 됐다.

이런 식으로 해서 2008년까지 마을주민들의 메주를 팔아주는 데 힘을 쏟았다. 궁골마을의 노인들은 대부분 70대지만 아직 정정했다. 최 대표가 여기저기 알아보며 성의껏 메주를 팔아줬더니 주민들은 너도나도 메주를 만들었다. 이렇게 3년을 하다 보니, 어차피 고생할 바에 내가 직접 사업을 해보면 어떨까 하는 생각이 들었다. 당시 최씨의 나이 57살이었다.

'이 나이에 미쳤나, 이제 손자나 볼 나이인데. 퇴직한 남편과 함께 쉬겠다고 내려온 건데 괜한 짓 하는 건 아닌가.' 몇날 며칠 같은 고민을 되풀이했다. 시골에 와서 꽃 키우고 채소 키워서 남 주는 것도 하루 이틀이지 무료하기만 했다. 뭔가 일을 해보는 것도 괜찮겠다는 생각이 들었다.

첫해 매출 0원, '궁골'만의 맛을 찾아보자

마침내, 2009년 최 대표는 다섯 명의 마을주민과 영농조합법인을 창립했다. 주민들은 미적거렸지만 여러분이 재배한 콩만큼은 전량 수매해줄 테니 함께 해보자고 제안했다. 자본금은 없었다. 최 대표가 보증을 서고 소상공인대출로 5천만 원을 얻어 가마솥, 항아리를 구입했다.

규모는 작았지만 정신만은 똑바로 차리자고 마음먹었다. 정부에서 농촌에 많은 예산을 지원해주지만 아까운 세금이 제대로 사용되지 못하는 경우를 자주 봤고 마을이 정부보조금 때문에 쪼개지는 모습들도 봤기에 정말 잘해야겠다고 각오를 다졌다. 하지만 녹록치 않았다.

첫 번째 벽은 역시 '장맛'이었다. 가정마다 장맛이 다르기 때문에 장을 담그는 가정의 주부들 모두 나름대로 전문가였다. 친정 방식, 시댁 방식이 다르고 마을 주민마다 생각하는 것이 같지 않았다. 궁골식품에 방문하는 사람들의 의견도 제각각이었다. 솜씨 좋은 사람은 많았다. 전남 담양의 기순도 명인을 비롯해서 전국에서 내로라하는 장집을 배우러 다녔다. 이런 시간을 거치면서 최 대표가 내린 결론은 '내 맛'을 찾아야겠다는 것이었다. 남의 것을 따라 하기도 어렵고 따라 해서는 흉내 내는 것밖에 되지 않는다고 보았다.

궁골식품만의 맛을 찾아가는 과정은 쉽지 않았다. 10개 항아리에 장을 담그면 2~3개는 제맛이 나오지 않아서 버리기도 했다. 나름 전문가라고 생각했지만 대규모의 양산체제에 들어가는 것은 소규모로 할 때와는 근본적으로 달랐다. 2009년 첫해, 매출은 0원이었다. 2010년에는 1천만 원 수준, 한 달에 백만 원 벌기도 힘들었다.

이런 시행착오를 거듭하다가 2013년부터 품질을 안정시켰다. 궁골식품의 메주는 100% 국산 햇콩에 소금은 전북 부안 곰소만에서 나온 천일염을 쓰다가 2015년부터는 충남 태안에서 나오는 천일염을 사용한다. 그리고 최소 3년 이상 숙성시켜 판매한다. 100% 국산을 썼으니 분명 자랑할 만했다.

밥 대접하며 장맛 홍보, 한화그룹 김승연 회장에 직접 부탁

최명선 대표는 남들과는 다른 판촉기법을 도입했다. 지인들을 불러서 식사 대접을 하며 간장, 된장, 고추장을 팔았다. 밥값을 내는 대신 장을 사가라는 것이었다. "간장, 된장, 고추장은 음식에 넣거나 찍거나 비벼서 먹잖아요. 고추장 시식회라고 해서 매운 고추장만 먹어 보라고 하면 되겠습니까? 된장찌개랑 함께 먹어 보고 고추장에 밥도 비벼 먹어봐야 제 맛을 알 수 있지 않겠습니까." 맞는 말이다. 장맛을 제대로 알리려면 번거롭고 시간이 오래 걸리더라도 밥과 함께 내 놓아야 된다는 판단이었다. 달리 생각하면 본인이 만든 간장, 된장, 고추장에 그만큼 자신이 있었던 것이다.

거듭되는 시행착오 끝에 최명선 대표는 '궁골' 만의 장맛을 찾아야 한다는 사실을 깨달았다. 지인들에게 밥을 대접하며 궁골의 장맛을 홍보했다.

2011년 모 방송사의 전국 정보 프로그램에 궁골식품이 소개됐다. 방송이 나가자 거짓말 같은 일이 벌어졌다. 그야말로 주문이 물밀듯이 밀려왔다. 보름 동안 밥 한 번 제대로 해 먹지 못할 만큼 바빴다. 궁골마을 주민들까지 힘을 보태서 겨우 주문량을 맞췄다. 궁골식품 매출은 한 달 사이에 천만 원에서 1억 5천만 원으로 뛰어올랐다.

논산시청, 상월면사무소 등에는 궁골식품의 연락처를 알려달라는 문의가 전국에서 쇄도했다. 시청 직원이 도대체 궁골식품이 어떤 곳인지 알아보려고 일부러 찾아올 정도였다. 방송사마다 촬영하자는 제의가 줄을 이었다. 이런 인기를 등에 업고 2014년에는 매출이 4억 원까지 증가했다.

2015년 청와대에서의 일이다. 창조경제 관련 모임에 초청받아 당시 대통령, 한화그룹 김승연 회장과 같은 테이블에 앉게 됐다. 이 자리에서 최 대표는 김 회장에게 명함을 내밀면서 '농촌에서 정직하게 장을 만드는 사람입니다. 최선을 다해서 만들었으니 궁골식품의 장을 써주셨으면 좋겠습니다.'라고 부탁했다. 이 만남은 헛되지 않았다. 한화그룹에서 설, 추석 때 선물용으로 1억 원어치 정도의 장을 구입하고 있다.

'죽을 만큼 힘든 시간', 최고의 장맛 빚어내

궁골식품의 제품은 농협, 로컬푸드 매장 등으로 판매된다. 2012년에는 한화, 롯데, 현대백화점에도 진출했다. 2017년 9월부터는 충남 전체 초·중학교의 학교급식에 납품한다. 고추장, 된장, 간장의 80%를 궁골식품에서 조달하는 것이다.

학교급식으로 워낙 많은 양이 공급되다 보니 2018년 설부터는 백화점에도 납품하지 못하고 있다. 필자와 인터뷰하는 중에도 농협에서 주문전화가 왔지만 최 대표는 납품할 수 없다고 답변했다. 인터넷 판매도 2018년 3월부터 중단됐다. 물량이 부족하기 때문이다.

궁골식품의 2017년도 매출은 6억 원이고 2018년에는 10억 원을 넘을 것으로 보인다. 2019년 하반기부터는 서울의 학교급식 시장까지 공략한다는 계획으로 2020년에는 연매출 20억 원을 내다보고 있다. 최 대표는 20억 원에 도달하면 더 이상의 매출확대는 자제할 계획이다. 그 이상은 생산량을 늘리거나 품질을 유지하기가 어렵다고 보기 때문이다. 온라인 판매가 전체의 50%를 차지한다. 고정 고객은 3,000명에 육박한다. 연간 체험객은 5,000여 명으로 1인당 체험료 10,000원을 받는다.

필자는 이렇게 잘 나가는 궁골식품의 장맛은 도대체 어떤 것인지, 다른 회사의 장맛과는 어떻게 다른지 최 대표에게 연거푸 물어봤지만 답을 알 수는 없었다. 장류에는 과일의 당도(糖度)나 쌀의 식미(食味)처럼 맛을 평가하는 특별한 기준이 없기 때문에 궁골식품 장맛을 설명하기는 어렵다. 최명선 대표는 한마디로 장맛의 비결은 없다고 말한다. 최고의 원료, 최고의 물, 그리고 여기에 '죽을 만큼 힘든 시간에서 빚어진 최고의 열정'이 장맛을 만들어냈다고 주장한다.

다만, 최 대표가 자신 있게 말할 수 있는 일이 있다. 2012년에 전주국제발효식품엑스포에서 최우수상을 받았다. 발효식품엑스포에 참가해 보니 전북 순창, 전남 순천처럼 맛이라면 내로라하는 전라도 아줌마들이 대부분이고 경상도 아줌마는 본인 혼자뿐이었다고 한다. 이 대회에서 최우수상을 받았으니 실력은 인정할 수 있을 것이다.

궁골식품에서는 된장, 간장, 고추장, 청국장, 막장, 집장, 막간장 등 7가지 장을 판매한다. 편의식으로 개발한 시래기 된장국, 비빔밥은 수익성이 높지 않아서 2016년부터 생산을 중단했다. 시래기 된장국은 완전 자동화하지 않으면 양산체제가 힘들었다. 논산의 특산품인 딸기를 넣은 딸기 고추장도 한때 주목을 받았지만 수요가 일정하지 않아 현재는 딸기고추장 만들기 체험만 진행한다. 최 대표는 장류를 활용해 여러 가공식품에 손을 대보기는 하지만 시장성이 안정적이지 않으면 과감하게 접는 편이 낫다고 판단했다.

궁골식품에서 사용하는 콩 품종은 '대원'이다. 연간 지역산 농산물 구매금액은 콩이 2억 원, 고추 1억 원, 잡곡 1억 원이다. 연간 소비하는 콩은 20,000kg이며 자체 재배하는 500kg을 제외하면 나머지는 모두 계약재배를 통해 조달한다. 궁골식품을 통해 정규직 8명, 1년에 8개월을 근무하는 비정규직 5명의 일자리가 만들어졌다.

처음부터 정부지원 기댔다면 잘못됐을지 몰라

궁골식품에서 한 가지 눈에 들어오는 부분은 정부지원을 상당히 늦게 받았다는 점이다. 처음부터 정부 보조금을 지원받아서 체험시설과 식당을 지은 것이 아니었다. 2016년에 농촌진흥청에서 3억 5천만 원을 지원받아서 30평 규모의 체험시설과 식당을 건립했다. 가공시설을 새로 짓는 데도 2억 5천만 원을 지원받았다. 사업을 시작하고 8년째 되던 해에 정부 지원을 받아 하드웨어를 구축한 것이다.

준비도 안 돼 있고 마음도 덜 영글었는데 돈부터 들어오면 돈에 휘둘리게 된다. 정부의 농업분야 보조금사업이 곳곳에서 삐걱거리는 근본 이유다. 힘들더라도 있는 것을 꾸려서 어떻게든 해보겠다는 마음을 하나로 모으는 것이 먼저다. 그리고 여건이 성숙됐을 때 자연스럽게 정부지원을 받아서 시설확충으로 이어가야 한다.

궁골식품은 2009년 설립 첫해, 충남도 소상공인 대회에서 최우수상을 받았고 2015년에는 제3회 농림부 6차산업화 경진대회에서 은상을 받았다. 최명선 대표는 일찍 돌아가신 아버지의 끈기, 인내, 근면을 그대로 닮은 것 같다며 아버지께 정말 감사하다고 말한다. 정부의 체계적인 육성 프로그램도 중요하지만 이것만으로는 될 수 없다. 일을 이뤄내는 것은 농촌공동체의 열정이다. '궁골'만의 색깔을 찾아가려는 노력이 있었기에 소비자들의 선택을 받을 수 있었다.

성장 포인트

1. 농촌에서 콩, 메주를 팔아주며 전체적인 사업성을 검증한 뒤 사업에 뛰어들었다. 원료조달, 생산, 소비과정의 메커니즘을 충분히 이해할 수 있는 시간이 있었다.

2. 한 분야에서 최고의 품질을 인정받으려고 노력하며 다른 업체를 흉내 내지 않고 '궁골'만의 맛을 찾기 위해 힘을 쏟았다.

3. 된장의 참맛을 알리려고 식사를 대접하며 된장을 홍보하는 판촉기법을 도입했다. 된장맛을 가장 효과적으로 알릴 방법을 고민한 차별화된 마케팅이었다.

스마트폰이 농기계,
'소통'하니 팔리더라

SNS형_지리산자연밥상영농조합(전남 구례군)

이제 농업에도 온라인 판매가 자리를 잡아가고 있다. 전자상거래는 모바일 시장으로 빠르게 발전하고 있다. SNS에서 9만 명의 팔로워에게 농촌 이야기를 전해주는 남자가 있다. 농촌에 '감성'을 입혀 '스토리'를 만들어내니 농산물은 알아서 팔리더라는 것이다.

65년생인 고영문 대표는 원래 광고업으로 사회생활을 시작했다. 지하철이나 건물의 전광판 광고영업이 주업무였다. 광고시장이 빠르게 온라인으로 이동하고 여기에 종편까지 가세하면서 오프라인 광고가 설 자리는 급속도로 좁아졌다.

 2008년 농촌진흥청 자원인적개발센터가 주관하는 귀농 · 귀촌학교에 참여한 것이 귀농의 계기가 됐다. 3개월 동안 합숙하며 주로 버섯, 약초재배, 마케팅에 관한 교육을 받았다. 갈수록 어려워지는 광고업을 접고 2009년 지금의 전남 구례군 지리산 자락으로 귀농했다.

유기농 외에는 '답' 없다

고 대표는 귀농하기 전부터 유기농을 염두에 두고 있었다. 관행농법으로는 도저히 경쟁력을 찾을 수 없다는 생각이 확고했다. 아무리 농약 치고 성장 촉진제를 넣어서 수확량을 늘린다고 해도 수입 농산물과는 가격싸움이 되지 않는다. 안전한 먹거리 외에는 답이 없다고 판단해 지리산으로 내려오면서부터 유기농을 시작했다.

두릅, 돌배, 오가피, 엄나무를 재배하고 있다. 10,000평으로 시작했지만 지금은 3,000평가량으로 줄었다. 유기농은 그대로 유지하고 있다. 재배한 농산물을 액상차, 매실액, 칡즙, 도라지즙, 배즙 등 가공식품으로 만들어 판매한다. 매출비율은 가공식품이 60%를 차지한다.

지리산에서의 첫 사업은 온라인 판매가 아니었다. 지리산에서 자라는 농산물을 선물세트로 만들어 예전에 알고 지내던 광고주 기업에게 판매한다는 계획이었다. 17년을 광고업계에서 일했으니 그 인맥을 잠재적인 고객으로 생각한 것이다.

하지만 농사짓고 홍보하고 판매까지 하기는 만만치 않았다. 농사짓기도 바쁘고 지리산 둘레길 만드는 데도 쫓아다니다 보니 도저히 농산물을 판매하는 데 전념하기가 어려웠다. 이 방식은 오래가지 못했다.

태풍에 떨어진 과일, SNS로 팔아

고영문 대표는 소신, 철학이 뚜렷한 사람이다. 본인 생각이 확고하기 때문에 독불장군처럼 보이기도 하지만 실제로는 정 많은 전라도 남자다. 2011년의 일이다. 귀농해서 알고 지내던 마을 이장집의 저온창고가 고장 났다. 창고 안에 있던 배가 얼어버려 못쓰게 됐다. 어쩔 수 없이 배즙을 만들어 팔기로 했다. 문제는 판로였다. 농사만 지어오던 농민이 하루아침에 배즙을 팔려고 하니 제대로 될 리 없었다. 보다 못한 고 대표가 소매를 걷어붙였다. 카카오스토리에 이장의 배즙 사진을 올려 모두 팔아줬다.

2010년에는 지리산 일대에 서리 피해가 발생했다. 서리 맞은 감은 갈 곳이 없었다. 고영문 대표가 인터넷 카페에 이 사연을 올렸더니 뜻밖에 소비자들의 관심이 이어졌다. 10kg짜리 감 500여 박스가 팔려나갔다. "2012년에는 태풍 볼라벤으로 낙과피해가 컸습니다. 땅에 떨어진 과일사진을 찍어서 블로그와 페이스북에 올렸더니 15kg 상자 220박스가 팔렸죠. SNS에 올릴 때만 해도 과연 팔릴까 싶었는데 그게 다 팔리더라고요." 온라인에는 미처 생각하지 못한 시장이 기다리고 있었다.

SNS '소통'에서 길찾기, 카카오스토리 9만 명이 소식 받아봐

고씨가 SNS를 농업에 도입하면서 가장 강조하는 것은 '소통'이다. SNS의 속성인 '소통'이 생산자와 소비자를 이어주는 매개체가 될 수 있다고 본 것이다. 요즘에는 하루에 한두 장씩 지리산 소식을 SNS에 올리지만 시작할 무렵에는 10장의 사진을 올리기도 했다.

아무리 친환경농산물을 잘 재배해도 소비자는 비싸다고만 할 뿐 쉽

사리 지갑을 열지 않는다. 친환경의 '가치'를 잘 모르기 때문이다. 친환경농산물이 재배되는 '과정'을 모르니 거기에 담긴 '가치'를 알기 어렵다. 고씨의 SNS는 이 '과정'을 소비자와 '공유'함으로써 친환경, 유기농산물의 '가치'를 전달한다.

공동체지원농업(CSA : Community Supported Agriculture)은 소비자가 미리 돈을 내고 이 돈으로 농민이 농사를 지어 농산물을 소비자에게 공급하는 농업이다. 소비자는 본인이 원하는 영농방식이 안정적으로 이뤄지도록 재정적으로 지원하는 것이다. 여기에는 소비자와 생산자 사이에 높은 수준의 '신뢰'가 있어야 가능하다. 비슷한 맥락에서 고영문 대표가 추구하는 모델은 '소비자와 함께 하는 농업'이다. 농작물을 재배하는 과정을 소비자와 공유하는 것으로 공동체지원농업으로 가는 전 단계라고 볼 수 있다.

고 대표가 운영하는 SNS와 온라인 플랫폼은 네이버의 스토어팜, 카카오스토리, 카톡, 페북, 트위터, 블로그, 인스타그램이다. 카카오스토리에서는 9만 명이 넘는 사람들이 고씨의 글, 사진을 받아본다. 트위터에는 11,000여 명, 페이스북에는 3,400여 명의 팔로어가 있다. 모든 채널을 스마트스토어(네이버)로 모이게 해서 실제 구매가 이뤄지도록 한다.

6차산업의 농부는 '스토리텔러'

고씨의 카카오스토리 구독자는 40대~60대가 많다. 50대가 44.2%, 40대가 24.6% 60대가 17.7%를 차지한다. 소비자들이 SNS 지리산자연밥상에 꾸준히 들어오려면 이들과 '소통'할 수 있는 '접점'(接點)이 있어야 한다. 그렇다고 매일, 농산물의 재배 과정만 올릴 수는 없었다. 그는 '지리산'에서 소비자와 소통할 접점을 찾았다. 포스팅하는 내용은 구독자의 연령대에 맞춰 '자연' '향수' '힐링'에 초점을 둔다. 사시사철 변하는 지리산의 풍광, 5일장의 풍경은 셔터만 눌러대면 그대로 '작품'이 되는 훌륭한 소재다.

봄을 대표하는 산나물은 두릅이다. 목두채(木頭菜)라고도 하고 산채의 제왕으로 불린다. 왜 두릅이 산채의 제왕일까? 고 대표는 이런 질문을 던지고 답도 내놓았다. "두릅의 모양이 진시황의 머리 모양과 닮아서 두릅을 산채의 제왕이라고 한 것이 아닐까 저 나름대로 해석을 합니다."

이처럼 사진만 찍어 올리는 게 아니라 본인 나름의 생각을 담아낸

지리산에서 채취한 산나물 건조식품. 여기에 어떤 이야기를 입혀 소통하느냐에 따라 소비자들의 마음을 움직일 수 있다.

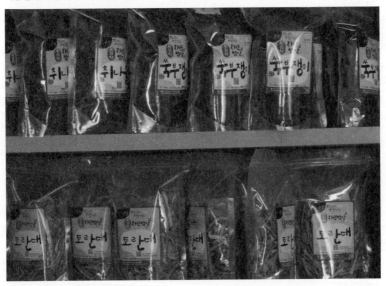

다. '두릅'을 그냥 사진만 찍어 올리면 '두릅 사진'이지만, '두릅＋목두채＋진시황'은 이야깃거리(storytelling)가 될 수 있다. 단순 사실과 이야깃거리의 차이는 '감성'(感性)이다. 인터넷에 온갖 정보가 떠도는 상황에서 단순 사실만 나열해서는 꾸준히 관심을 끌기가 어렵다. 사실에 감성을 입히면 대중은 반응한다.

지리산자연밥상의 SNS 가운데 고영문 대표가 가장 비중을 두는 플랫폼은 카카오스토리다. 최근에는 스토리채널, 네이버 스마트스토어를 활성화하는 데 주력하고 있다. 필자와 인터뷰하는 도중에도 고 대표의 스마트폰에서는 카톡 알림소리가 그치지 않았다. 카톡으로 주문이 들어오는 것이었다.

"6차산업, 농민이 어떻게 다 합니까" 농민도 OEM 마인드 있어야

"저는 6차산업에 반대합니다. 농민이 생산하기도 바쁜데 어떻게 2차, 3차까지 다 합니까?" 필자가 고영문 대표에게 인터뷰를 섭외하기 위해 전화했을 때 고 대표가 힘주어 밝힌 소신이다. 본인의 경험과 농촌에서 지켜본 현실에서 나온 이야기처럼 들렸다. 지금 같은 방식의 6차산업에는 반대한다는 것이다.

그가 생각하는 가장 이상적인 6차산업 모델은 1차, 2차, 3차의 각 분야가 결합하는 형태다. 즉, 생산, 가공, 마케팅, 스토리텔링을 분업화하는 것이다. 각 분야의 전문가들이 협업(協業)해서 6차산업을 완성시키는 것이 지금의 농촌 실정으로는 현실적이라는 주장이다.

그런 측면에서 OEM(original equipment manufacturing) 방식도 필요하다

고영문 대표는 1차+2차+3차의 수
직적 결합을 주장한다. 6차산업체도
OEM을 맡길 수 있는 탄력적인 사고
를 가져야 한다는 것이다.

고 역설한다. 실제로 고 대표가 OEM
방식으로 생산하는 가공식품이 있다.
본인과 주위 농가들이 재배한 돌배를
남원에 있는 가공공장에 맡겨 OEM
방식으로 돌배즙을 생산한다. 돌배즙
뿐만 아니라 다른 품목으로 OEM 방
식을 확대할 계획이다.

정부에서 보조금을 수억 원 받아서
지어놓은 각종 농산물 가공시설을 1년
에 서너 달 남짓 사용하고 그 외 기간
엔 놀리는 경우가 태반이다. 여기에
들어간 자부담 때문에 농가들도 휘청거린다. 고 대표는 주위에 놀리
는 공장이나 시설이 있으면 소개해달라고 농림부에 요구했다고 한다.
어차피 놀리는 시설을 사용료를 내고 쓰겠다는 것이다. 주위에 뜻이
맞는 사람들끼리라도 놀리는 시설을 찾고 OEM을 할 수 있는 공장을
물색해서 정보를 공유한다는 계획이다.

1차, 2차, 3차의 탄력적 결합

1차, 2차, 3차가 결합하는 것을 일본에서는 '농상공'(農商工) 모델이라
고 부른다. 중소기업인과 농림어업인이 연계해서 농촌자원을 활용해
새로운 상품, 서비스 개발을 촉진하기 위해 2008년부터 '농상공 등 연
계촉진법'(中小企業者と農林漁業者との連携による事業活動の促進に関する法律)이 시

행되고 있다. 기업과 농민이 연계해서 경영자원을 이용하면 농민은 가공시설을 짓는 초기투자비의 부담을 덜고 판로개척, 마케팅 등의 어려움도 해결할 수 있다. 기업은 원료를 안정적으로 조달하는 이점이 있다.

문제는 1차 생산자가 확실한 경쟁력을 확보하지 못하면 2차, 3차 업체에 끌려다니게 된다는 것이다. 최악의 경우에는 단순한 원료 공급자로 전락한다. 지역공동체, 순환경제, 지속가능한 농업 등에 대한 가치를 공유하지 않는 1차, 2차, 3차의 결합은 많은 위험(risk)을 수반한다. 농촌융복합산업 육성 및 지원에 관한 법률(6차산업법)에 따르면 이 법의 5가지 기본이념 가운데 네 번째가 농업과 다른 산업 간의 융·복합화를 통한 농촌융복합산업의 고도화이다. 6차산업의 고도화를 위해서는 필요하지만 현재로서는 가장 성과가 더딘 분야다.

여기서 참고할 수 있는 사례가 있다. 2001년에 설립된 일본 나가노현 이다시(飯田市)의 유한회사 '고이케 농산가공소'(小池手造り農産加工所)는 농민들이 맡긴 사과, 토마토, 포도 등의 농산물을 주스, 잼, 드레싱, 반찬으로 가공해준다. 가공한 제품은 다시 농민들이 받아서 판매하는 방식이다.[13]

고이케 농산가공소는 자사제품을 가공해 직접 판매도 하지만 전체 수익의 70%는 위탁가공에서 나온다. 2012년 기준으로 2,500건을 위탁가공했다. 이런 방식은 모두에게 이익이 될 수 있다. '고이케 농산가공소'로서는 설비의 가동률을 높일 수 있고, 농민들은 설비투자, 낮은 가동률의 부담을 덜고 생산·유통·판매에 전념할 수 있다는 장점

---

13   농업의 6차산업 활성화방안, 한국농촌경제연구원(2014)

이 있다. 이처럼 6차산업체의 여건, 시장의 특성에 따라서 1차, 2차, 3차 간의 다양한 결합, 연계방식이 모색돼야 한다.

현재로서는 1차에서 시작해 2차를 성공시킨 업체가 중심이 돼 3차와 연계하는 것도 현실적인 방법이다. 그렇다고 해서 판매를 모두 외부업체에 맡겨서는 안 된다. 6차산업체가 스스로 판매할 수 있는 일정한 채널은 반드시 확보하고 있어야 한다.

지리산자연밥상은 지역농민들이 참여하고는 있지만 실질적으로는 고영문 대표 1인 기업의 성격이 강하다. 고 대표는 귀농해서 2010년부터 농민들과 함께 '소셜골방'을 운영했다. 전남 구례군, 경남 하동군의 농업인들과 구례군 토지면사무소에서 시작해 농가를 돌며 SNS 교육을 했다. 소셜골방은 나중에 '소셜 수다 지리산 사람들'로 이름이 바뀌었고 부근의 경남 거창, 함양, 전북 정읍, 김제, 전남 고흥에서까지 농민들이 찾아와서 교육을 받았다. 그의 재능기부 형태로 이루어진 무료 강의였다.

구례군의 요청으로 2018년 3월부터 일주일에 2시간씩 SNS의 기초, 스마트 스토어 구축 등에 대해서 강의한다. 고영문 대표가 추진하는 SNS를 통한 6차산업은 더 많은 사람에게 공감을 얻고 있다. OEM을 비롯해 1차, 2차, 3차산업의 수직적 결합에 대한 고 대표의 주장도 우리 6차산업의 지평을 넓히는 화두가 될 것이다.

지리산 품은 산머루,
6차산업 꽃 피워

농촌관광형_㈜두레마을(경남 함양군)

우리 6차산업은 농산물 가공에 편중돼 있다. 상대적으로 체험관광의 저변은 넓지 않다. 산머루 재배에서 시작해 체험관광으로 6차산업의 꽃을 피운 농장이 있다. 산머루 가공에서도 성공을 거뒀지만 체험관광으로 완성도를 높였다. ㈜두레마을 은 '체험관광이 왜 중요한가'라는 질문에 구체적인 답을 준다.

지리산이 품고 있는 경남 함양군 함양읍의 '하미앙밸리'. 그림 같은 풍광을 자랑하면서도 이국적인 분위기까지 갖추고 있다. 와인을 잘 몰라도 풍경 때문에라도 와보고 싶을 만큼 경관이 수려한 곳이다.

'하미앙밸리'는 지리산 해발 500고지의 작은 평원에 아담하게 자리 잡고 있다. 하미앙은 경남 함양(咸陽)을 발음하기 쉽게 풀어쓴 조어다. 외국인이 발음하기 어려워 글자를 풀어서 만들었다는데 무릎을 칠 수밖에 없는 네이밍(naming)이었다. 하미앙은 한자로는 '하(霞):붉은 노을, 미(味):맛, 앙(霙):흰 구름이 피어남'이라는 뜻으로도 풀이된다. 브

하미앙밸리는 지리산을 배경으로 이국적인 분위기까지 더해져 그 자체로서 조금도 손색없는 집객 거점이다.

랜드에 와인을 떠올리는 이야깃거리가 담겨있고 '함양'이라는 지명도 연상되니 브랜드 네이밍의 조건을 모두 갖춘 셈이다.

하미앙밸리를 운영하는 ㈜두레마을의 슬로건은 '우리는 개척한다, 황무지를 장미꽃같이', 경영이념은 '시대를 앞서가는 창조농업으로 농촌의 새로운 소득모델을 만들어간다'이다. 표현이 시적(詩的)이면서도 명확한 목표를 담고 있다. 거창하게 들릴 수도 있겠지만 슬로건, 경영이념이 빈말은 아니었다.

㈜두레마을의 이상인 대표는 57년생으로 출판업을 하다 85년 고향인 함양으로 내려왔다. 그때부터 10년 동안 시설채소와 벼농사를 지었다. 농민후계자로 선정될 정도로 땀을 흘렸다. 하지만 아무리 농작물을 재배해서 공판장에 출하해도 인건비도 건지기 어려웠다. 일반작물을 재배해서는 안 되겠다는 판단이 섰다.

차라리 도시로 다시 나가야 하지 않나 고민이 깊어질 무렵, 어린 시절 지리산에서 따 먹던 산머루가 눈에 들어왔다. 산머루에 영양가가 많다던 어른들의 말도 떠올랐다. 10년 동안의 농사를 과감히 접고 95년 500평으로 산머루 재배에 뛰어들었다. 반응이 좋아서 규모를 3,000평으로 늘렸다. 산머루를 원물(가공하지 않은 농산물 그 자체)로 내놓아도 잘 팔렸고 건강원에 가서 머루즙으로 짜서 팔아도 괜찮았다.

매출 늘어도 단순 농산물 가공으로는 한계

여세를 몰아서 98년에 농공단지에 입주해서 머루즙 가공공장을 지었다. IMF 경제위기가 한창이던 때였다. 주위에서 모두 뜯어말렸지만 5,000만 원을 대출받아서 사업을 시작했다. 공장이기는 해도 수작업으로 머루즙을 내는 수준이었다.

　일용직 근로자들을 고용해 작업하고 머루즙을 다 짜면 그때부터는 공장문을 닫고 이 대표가 직접 머루즙을 팔러다녔다. 주요 판로는 고속도로 휴게소였다. 경부고속도로, 88고속도로 휴게소에도 입점했고 양재동의 농협 하나로마트에서 시음회 행사를 열어달라는 요청이 들어와 2000년에는 하나로마트에도 진출했다.

　혼자서는 감당하기 어려운 수준으로 매출 규모가 늘어났다. 더 이상 이 대표가 직접 판매하기는 어렵겠다고 판단해 중간 유통업체와 손을 잡았다. 전국으로 판로를 확대했다. 반자동 가공기계를 구입해서 공장규모를 키우고 산머루 원료로 더 확보했다.

　문제는 여기서부터 시작됐다. "매출이 늘어나는 것은 좋은데 규모가 커지니까 업무가 생각지도 못할 만큼 늘어나더라고요. 판촉물 만들어야죠, 시음회도 해야죠. 여기에 들어가는 시간, 비용은 전혀 예상하지 못했습니다." 더 큰 문제는 수익률이었다. 직영판매에서 중간 유통으로 전환하고 보니 유통비용이 발생해 수익률이 뚝 떨어졌다. 더구나 매출은 발생하지만 중간 유통업체에서 돈이 바로 들어오지 않았다. 2003년에는 외상이 5억 원까지 되는 상황이 벌어졌다.

제품이 잘 팔려 연매출이 8억 원까지 늘어났지만 외상이 워낙 많다 보니 자금회전이 막혀버렸다. 공장규모를 키우면서 많은 자금을 한꺼번에 투입한 것도 재정에는 큰 짐이었다. 고심 끝에 농촌에서 중소규모의 업체들이 제조, 유통으로 성공하기는 어렵겠다는 결론을 내려 그해 공장 문을 닫았다. 그는 단순 제조업만으로는 돈을 벌기 어렵겠다는 것을 절실하게 느꼈다.

일본 '관광농원'에서 돌파구

절치부심의 시간이 있었다. 무엇이 문제였는지 뒤돌아봤다. 이제 무엇을 해야 하나, 긴 고민 끝에 이상인 대표가 떠올린 것은 일본이었다. 2004년, 오사까, 야마가타의 체험관광지를 견학했다. 꽃농장, 약초농장, 과수농장, 와인농장을 둘러보고 깜짝 놀라지 않을 수 없었다. 꽃, 약초, 과수, 와인 모두 한국에도 있는 것이지만 일본에는 여기에 농장이 결합해 있었다. 도시민들이 농장에 와서 견학하고 체험하고 사진 찍고 마지막에는 기념품 가게에서 기념품, 가공품을 사가는 방식이었다.

"우리나라도 언젠가는 관광농업의 시대가 열릴 것이라는 생각이 들었습니다. 우리나 일본이나 서로 여건이 비슷하기 때문에 지금부터

관광농업을 잘 준비하면 사업성이 충분하겠다고 저 나름대로 예상했습니다." 농장, 가공공장, 체험시설, 기념품 가게를 한 곳에 갖추고 있어서 도시민들이 차례로 둘러보고 체험하고 제품을 구매하는 일본의 농촌체험농장이 이 대표의 머릿속에서 떠나지를 않았다. 한국에서 산머루 테마 관광농업을 추진하겠다고 결심했다. 미국, 캐나다에 가서는 와인관광의 현장을 직접 보고 돌아왔다.

한국에 돌아와서 곧바로 출자자를 모집해서 ㈜두레마을을 만들었다. 관광농원을 위한 첫걸음이었다. 사업비는 정부지원을 받기로 했다. 일본, 미국, 캐나다에서 보고 느낀 점을 바탕으로 우리 농촌에도 이제는 선진국형 체험농원이 필요하다는 점을 설명하며 함양군청 공무원을 설득했다. 그 결과 농림부의 향토산업 육성사업에 선정돼 보조금을 받아냈다.

2005년부터 지금의 하미앙밸리 농장을 조성해 2010년 즈음에 대체로 지금의 모습을 갖췄다. 당시 야산에 가득했던 밤나무를 베어내고 머루를 심었다. 농가들을 설득해 작목반을 만들어 안정적인 산머루 조달 체계를 갖췄다. 모두 50농가가 50,000평에서 해마다 100톤에 가까운 산머루를 재배하면 전량 수매하고 있다. 이 대표가 처음 산머루 공장을 운영할 때만 해도 산머루 작목반은 없었다. 그가 직접 묘목을 길러서 농가에 분양한 것이다.

산머루 와인 배우려고 대학 '발효학과' 입학

2003년에 과일주 제조 면허를 받아서 2004년에 와인 시제품을 내놓

앉다. 시제품 개발에는 5년이 걸렸다. 산머루는 9월에 수확해서 파쇄-발효-착즙-숙성 과정을 거쳐 와인으로 탄생한다. 핵심은 발효, 숙성이다. 여러 차례 실패를 되풀이했다. 발효과정을 제대로 거치지 못해 와인으로서는 아무 가치 없는 결과물이 나오기도 했다.

발효는 과학이라는 사실을 뼈저리게 느꼈다. 전문가들에게 물어보며 배우는 것만으로는 될 일이 아니겠다고 생각했다. 결국 이상인 대표는 2002년에 경북과학대학교에 입학했다. 발효를 제대로 배우려고 2년 과정의 첨단 발효학과에 들어간 것이다. 여기에서 발효를 기초부터 체계적으로 다시 배웠다.

하미앙 와인의 매출은 첫해 천만 원으로 시작했다. 시간이 흐르고 노력이 쌓이면서 마침내 하미앙 와인이 본격적으로 알려지는 계기가 찾아왔다. 2007년 이탈리아, 미국, 호주를 비롯해 국내 유명 호텔의 와인 소믈리에가 심사위원으로 참가한 코리아 와인 챌린지 대회가 열렸다. 이 대회에서 하미앙의 산머루 와인은 동상을 받았다. 국제 대회에서 인정받은 것은 큰 힘이 됐다. 하미앙의 인지도가 올라가면서 국무총리실에서 귀빈용 선물로 5년 동안 구매하기도 했고 2015년에는 청와대 건배주로 채택되기도 했다.

도시 관광객 유치하려면 '체험'이 중요

"만약에 체험 농원 없이 산머루 와인만 만들어 팔았다면 어떻게 됐을까요? 힘들었겠죠. 망했을 겁니다. 국내 유통구조가 중소기업이 살아남을 수 있는 구조가 못 됩니다. 우선, 가격경쟁에서 국산 와인이 수입 와인을 도저히 따라잡을 수 없고 매장에서 국산 와인을 취급하지 않으려고 합니다." 이상인 대표는 관행농업을 하고 산머루 가공을 하면서 아무리 농사를 잘 짓고 좋은 제품을 만들어도 판매가 중요하다는 것을 뼈저리게 느꼈다. 중간유통을 하는 것도 한계가 있었다. 힘들어도 직거래를 해야 하고, 소비자를 내가 있는 곳으로 오게 만드는 일이 중요하다는 게 이 대표가 내린 결론이다.

도시민들이 지리산까지 찾아오게 하려면 어떻게 해야 할까. 그 답을 이 대표는 '체험'에서 찾았다. 지리산을 끼고 있으니 괜찮은 체험 프로그램만 있다면 관광객들이 반드시 올 것이라 예상했다. 3차산업인 체험, 견학 프로그램을 만드는 데 힘을 쏟았다. 하미앙밸리를 조성할 때 땅을 뚫어 동굴형태의 와인창고를 만든 것도 이런 노력의 하나다.

오크통에 담긴 와인이 보관돼 있는 와인동굴. 방문객들이 둘러볼 수 있도록 개방돼 있다.

대표 프로그램인 와인족욕체험. 이 체험을 통해 산머루를 활용한 6차산업이 완성됐다.

와인은 오크통에 저장하는데 모두 100개의 오크통이 와인동굴에 보관돼 있다. 오크통은 와인 300병 분량이 들어갈 수 있는 크기다. 오크통에서 6개월에서 1년의 보관기간을 거쳐 오크향이 스며들면 와인병에 담는다. 현재 가장 오래된 하미앙 와인은 2004년산이다.

일단 하미앙밸리에 가면 와인동굴, 와인숙성실 등 주요 시설을 둘러보고 무료 시음도 할 수 있다. 대표 프로그램은 30분이 걸리는 와인족욕이고 산머루 쿠키, 비누 만들기 등 12개 프로그램이 운영되고 있다. 하미앙밸리의 전체 매출 가운데 체험 프로그램이 40%를 차지한다. 체험 프로그램이 단순한 구색 갖추기가 아니라 이곳의 주요 수입원이라는 뜻이다.

방문객들에게는 와인을 시중가보다 30% 싸게 판매한다. 이렇게 팔아도 중간유통 비용이 들어가지 않고 모두 현금으로 들어오기 때문에 훨씬 낫다는 설명이다. 자금회전율도 좋아지고 수익구조를 안정적으로 갖추는 데도 도움이 된다. 하미앙밸리는 인터넷 홈페이지를 운영하는 것 말고는 특별한 홍보를 하지 않는다. 각종 방송에 소개되고 방문객들의 입소문을 타면서 재방문이 이어지고 있다.

하미앙밸리에는 2017년 10만 명의 방문객이 다녀갔다. 2013년에 1만 명, 2014년 3만 명, 2015년에는 5만 명 등 꾸준히 늘어나고 있다. 방문객들은 농촌의 한적한 자연을 감상할 수 있고 아기자기하고 이색적인 농촌 체험이 좋다며 호평했다. 재방문율은 30%, 여성이 65% 이상을 차지한다. 경남교육청의 지역체험농장으로 지정돼 있다.

필자가 방문한 날, 전남의 한 농업기술센터에서 단체견학을 왔다. 하미앙밸리의 입구에는 농장 홍보관이 있다. 이 홍보관에서 동영상을 통해 하미앙밸리가 걸어온 길을 설명해주고 이상인 대표가 직접 강의까지 한다. 하미앙밸리의 일반 방문객 가운데는 와인에는 문외한이 많지만 하미앙밸리의 어제와 오늘의 이야기를 듣다 보면 자연스럽게 신뢰감을 느끼게 된다.

하미앙의 매출은 꾸준히 늘어나 2017년에는 15억 원으로 성장했다. 가공식품 매출 비율은 산머루 와인이 70%, 산머루즙이 30%다. 하미앙은 중간유통을 하지 않는다. 매출에서 온라인 판매가 20%를 차지한다.

새로운 가치개발, 공동체 '협업'이 관건

2015년부터는 해마다 산머루 와인축제를 개최한다. 하미앙을 알려서 지역 명소로 만들기 위한 과정이다. 산머루 와인축제는 자연스럽게 지역주민과 하미앙을 하나로 묶어줬다. 하미앙의 사훈(社訓)에 들어있는 '공동체 정신'은 산머루 계약재배는 물론 와인축제 등을 통해 구체화하고 있다.

이상인 대표는 6차산업의 핵심이 첫째는 새로운 소재를 만들어가는 가치개발, 그리고 그것을 통해서 새로운 산업을 일궈나가는 창조정신, 마지막으로 지역주민, 농가, 지역업체가 시너지 효과를 만들어내는 협업에 있다고 강조한다. "혼자서 성공하겠다는 정신으로는 힘듭니다. 지금 내가 사는 이 마을, 이 지역과 함께 가야 합니다. 공동체험장을 만들어서 이 지역의 일반 체험업체를 참여시켜 다양한 프로그램을 상품화하면 6차산업과 지역 업체가 상생(相生)할 수 있을 것입니다."

이 대표는 농업을 기반으로 한 관광에서 한 걸음 더 나아가 '힐링'을 목표로 한다. 뒷산에 산책로를 만들어 산림치유 프로그램을 만들고 숙박시설을 추가로 조성하고 캠핑장까지 확충해서 하미앙 밸리를 체류형으로 발전시키는 것이 과제라고 말한다.

그리고 정부의 6차산업 정책에 대해서 규모화할 수 있도록 리더 업체를 적극 육성해줄 것을 조언했다. 소비자들의 눈높이는 계속 높아지는데 거기에 맞추려면 일정한 규모화가 필요하다는 것이다. 각 지역을 대표할 굵직한 6차산업체가 나오도록 자금지원에 좀 더 관심을 가져야 한다고 강조한다.

성장 포인트

1. 1차에서부터 단계적으로 2차를 거쳐 3차산업으로 발전하면서 생산, 가공, 판매의 특성과 어려움을 이해한 것은 6차산업체를 운영하는 데 소중한 자산이 됐다.

2. 농산물 가공에 체험관광을 결합하여 직접판매가 가능해지도록 한 마케팅 전략은 두레마을이 외부의 영향을 덜 받고 독자적으로 성장하는 데 큰 도움이 됐다.

3. 1년 내내 방문객을 집객할 수 있는 거점공간을 확충(와인 숙성실, 와인동굴, 와인체험 등)함으로써 계절, 날씨의 영향을 줄일 수 있다.

'들깨그대로' 기름 짜
홈쇼핑 '완판'

식품가공형_에버그린에버블루협동조합(경기도 양평군)

들깨 기름을 만드는 협동조합이 있다. 2014년에 시작해서 길지 않은 역사지만 홈쇼핑에서 완판기록을 이어가며 유망주로 떠오르고 있다. 저온에서 들깨를 볶는 새로운 가공방법으로 시장을 파고들었다. 무엇보다도 농촌자원과 귀촌자, 마을주민이 어우러져 새로운 부가가치를 창출했다는 점에서 주목 받고 있다.

귀촌자의 전문성, 농촌주민들의 생산경험이 유기적으로 결합하면 새로운 부가가치가 창출될 가능성은 한층 커진다.

62년생인 이인향 대표는 농사라고는 전혀 해본 적이 없는 서울 토박이이다. 미국 샌디에이고에서 5년 동안 살다가 2010년 귀국했다. 땅 넓고 자연이 풍부한 미국에서 생활하다가 서울에 다시 정착하려니 답답한 게 많았다. 귀촌하게 된 데도 그런 영향이 컸다.

경기도 양평군 강하면 미산마을. 도시가스도 들어오지 않는 곳이었다. 이곳의 이장은 따로 있었고 이 대표는 33가구의 마을 일을 맡아보는 주민대표였다. 겨울에는 제설작업, 여름에는 제초작업, 도로변의 나무 가지치기 같은 일을 면사무소에 요청하거나 마을의 크고 작은 일을 처리했다.

이 과정에서 마을 이장과 협력도 하고 때로는 갈등도 겪고 부대끼는 시간을 갖게 됐다. 도시에 살다온 이 대표에게는 마을 일의 처리방식이 불합리하게 생각될 때가 있었다. 그럴 때마다 새로운 방식을 마을이장에게 요구했다. 그러니 기존 방식을 고집하는 이장과의 관계가 늘 좋을 수만은 없었다.

마을주민 11명 60만 원씩 출자

티격태격하며 지내던 이장이 어느 날 이 대표에게 들깨사업을 제안했다. 정부에서 보조금을 주며 마을기업을 육성한다고 하니 들깨를 가공해서 마을기업을 해보려는데 총무를 맡아달라는 것이었다. 많이 부딪히기도 했지만 마을 이장은 강단 있는 이 대표에게 일을 맡겨놓으면 똑소리 나게 잘하겠다는 생각이 들었던 것이다. 그때까지 이인향 대표의 머릿속에 '마을기업' '6차산업' 같은 것은 전혀 들어있지 않았다.

수도권이기는 해도 마을주민들은 농민이었다. 만나는 주민마다 우리가 과연 사업을 할 수 있겠냐며 손사래를 쳤다. 이런 형편이다 보니 사업을 시작하려면 출자금을 적게 할 수밖에 없었다. 2014년, 들깨 농사를 짓는 마을주민 11명이 60만 원씩 출자해서 660만 원을 모으고 정부의 마을기업 공모사업에 선정돼 5,000만 원을 지원받았다.

우선, 은행대출 없이 5,000만 원을 가지고 첫발을 뗐다. 들깨 착유(搾油)기계 한 대를 들여놓았고 가게는 월세를 내고 임대했다. 그야말로 구멍가게보다도 나을 것 없는 규모였다. 이인향 대표는 총무로서 회계 업무를 봤다. 사업을 막 시작했으니 매출이라 할 것도 없고 월급을 받을 형편도 못 됐다. 6개월 동안 그렇게 지내니 은근히 오기가 생겼다. "월급을 받기 위해 기를 쓰고 열심히 했습니다. 이왕 시작한 일인데 성과를 내야 하지 않겠어요? 흑자를 내야 제 월급을 받으니까요."

귀촌자, 주민 갈등 넘어서니 '희망' 보이더라

이인향 대표는 기름을 짜기 위해서 들깨를 수매하면서 농민들의 애환을 알게 됐다고 한다. 뙤약볕 아래서 허리 한 번 펴지 못하고 애써서 키운 곡식을 팔아봐야 몇 푼 되지 않았다. 10년 전이나 20년 전이나 전혀 발전 없는 삶처럼 보였다. 고령의 여성, 다문화가정 주부 등이 들깨재배에 종사하면서 팍팍한 삶을 살고 있었다. 농촌에서도 가장 소외당하고 약한 사람들이었다.

이 대표는 들깨를 재배하는 농민들을 에버그린에버블루협동조합의 홈페이지에 소개하기 위해 인터뷰하면서 여성 농업인들의 사연을 들을 기회가 있었다. 같은 여자로서 마음이 뭉클해질 때가 많았다. 무릇 연골이 다 나가도록 고된 농사를 지어 자식들을 키워낸 노인들의 삶의 내력이 이 대표에게는 무겁게 다가왔다. 들깨로 기름을 내서 훨씬 많은 소득을 농민들에게 안겨주는 것이야말로 정말 의미 있는 일임을 깨닫게 됐다. 그러면서 들깨사업에 더욱 애착이 생겼다.

처음에는 총무를 맡아서 온종일 점포를 지켜야 했다. 크고 작은 일을 해보면서 일의 흐름을 꿰뚫게 되고 본인이 대표를 맡아서 해보면 잘 할 수 있겠다는 자신감이 생겼다. 하지만 농촌은 호락호락하지 않았다. 이 대표를 제외한 나머지 조합원은 모두 양평군의 토박이였다.

이 대표가 귀촌해서 마을 대표도 맡았고 마을기업에서 총무 역할도 잘 해왔다는 점은 인정했지만 마을기업 대표 자리를 내주는 데는 주저주저했다. 아직은 외지인으로 생각했고 100% 마음을 다 준 게 아니었다. "말은 안 하지만 서울사람이 대표가 돼서 '먹튀' 하면 어떡하냐는 불안감도 있었을 것 같고요. 조상 대대로 뿌리를 내리고 살아온 사람이 아니기 때문에 어떤 일을 벌일지 모른다는 두려움도 있었던 것 같아요." 결국 2016년 대표를 뽑는 투표에서 이인향 총무는 당선되지 못했다.

서운함이 컸다. 이 대표가 총무 자리를 내놓겠다고 하면서 3개월 동안 에버그린의 업무가 마비되기도 했다. 결국에는 이장이 설득하고 다시 추천 과정을 거쳐서 이 대표가 대표직을 맡게 됐다. 갈등이 있었지만 이 대표에게는 그만큼 자신을 추스르고 더 무거운 책임감을 느끼는 계기가 됐다.

이 대표는 인터뷰에서 이 마을이 외지인을 관대하게 받아주는 문화적인 관용이 있는 곳이라는 표현을 두 번이나 했다. 텃새도 있었고 처음부터 쉽게 곁을 내주지는 않았지만 그래도 외지에서 온 이 대표를 내치지 않고 묵묵히 지켜봐 줬다. 겉으로는 까칠한 듯 보여도 속으로 들어가면 포근하게 안아주는 맛이 있더라는 것이다.

볶지 않고 '들깨그대로' 기름을 짜자

당시 양평군에는 생들깨를 짜는 기름공장이 없었다. 이인향 대표의 설명을 빌리면 충남의 한 업체를 제외하고는 전국적으로 두 번째였다고 한다. 경쟁이 치열하지 않다는 점은 기회요인이지만 많은 업체가 관심을 보이지 않는다는 것은 그만큼 수익성이 분명하지 않은 것으로 볼 수도 있었다.

마을이장이 들기름 사업을 제안할 때부터 이인향 대표는 볶아서 기름을 짜는 방식 대신, 들깨 그대로 기름을 짜는 방식을 떠올렸다. 바다 오염까지 심각해져 동물성 오메가3를 기피하는 상황에서 식물성 오메가3가 풍부하게 함유된 들깨가 각광받으리라 판단한 것이다.

들깨에 들어있는 식물성 오메가3는 불에 약해서 들깨를 볶으면 30%가 감소한다. 볶는 과정에서 발암물질인 벤조피렌이 나와서 인체에도 좋지 않다. 하지만 생들기름은 저온에서 착유하므로 이런 단점을 막을 수 있었다. 건강에 대한 관심은 계속 커지기 때문에 이런 점이 제대로 평가받는다면 시장성이 있으리라고 보았다.

그런데 마을 주민들은 생들기름에는 회의적이었다. 볶는 기름에 익숙한 주민들은 생들기름이 팔리겠냐며 볶는 기름과 생들기름을 함께 만들자고 주장했다. 볶는 과정에서 들기름 특유의 고소한 향이 나오고 무엇보다도 깨를 볶으면 생들기름보다 최고 2배에 가까운 양을 더 생산할 수 있기 때문이었다.

하지만 이 대표는 생들기름이라는 차별화 전략을 선택한 만큼 볶는 기름은 전혀 고려하지 않았다. 이처럼 생들기름을 고집한 데는 또 하나의 중요한 이유가 있었다. 국내 요리는 물론 서양요리와도 어울리는 기름이라는 것이었다. "고온에 볶는 들기름은 우리가 맡기에는 고소하지만 향이 워낙 강해서 서양요리와는 맞지 않습니다. 하지만 생들기름은 향이 강하지 않아서 오히려 올리브 오일과 경쟁할 상품이라고 봤죠." 파스타, 샐러드에 들어가는 드레싱으로 생들기름의 시장성을 내다 본 것이다.

결국 볶는 기름보다 1.5배나 비싼 생들기름을 만들기로 결정했다. 제품 이름도 들깨를 그대로 짰다는 점을 강조하기 위해 '들깨그대로'라고 정했다. 큰 모험이었다. 이 대표는 운이 좋았다고 말한다. 창업하고 얼마 지나지 않아서 2015년, 매스컴에서 식물성 오메가3를 집중적으로 보도하면서 홍보에 큰 도움을 받았다. 사회가 주목하는 트렌드를 타고 앞으로 나아갈 수 있었다.

2014년 11월에 창업해 100만 원으로 시작한 매출은 차츰 성장해갔다. 2015년에 경기도 사회적경제 우수상품 스타기업에 선정됐고 2016년에는 우수마을기업 경진대회에 경기도 대표로 출전해 최우수상을 받았다. 건실하게 성장하고 있다고 판단한 경기도 농업기술원, 양평군 농업기술센터가 2016년에 자동으로 병입(瓶入)하고 라벨링까지 되는 기계를 지원해줬다. 그때까지는 국자로 기름을 병에 담아서 작업을 해왔다.

첫 홈쇼핑 완판으로 매출 급성장

2016년, 경기농림진흥재단에서 선정한 스타쿱 업체 2곳에 포함됐다. 온라인 시장진출을 도와주겠다고 했지만 에버그린협동조합은 홈쇼핑 시장을 뚫고 싶으니 지원해달라고 요청했다. 경기농림진흥재단은 생산규모가 작아서 어려울 것 같다며 난색을 표했다. 이인향 대표는 물러서지 않고 홈쇼핑의 MD를 10분 만이라도 만나게 해달라고 부탁했다.

2016년 1월 들깨기름으로 만든 각종 샐러드를 준비해서 홈쇼핑의 MD를 만났다. 고온에서 볶아서 짜는 방식이 아니라 저온에서 들깨 그대로 기름을 짜는 과정을 설명했다. 귀담아듣던 MD는 우선 스토리가 마음에 든다며 가격을 맞춰주면 일을 진행하겠다는 답변을 내놓았다.

납품가격을 맞추려면 중간 유통을 거칠 수 없었다. 전체 직원이 밤 늦게까지 남아서 기름병에 하나하나 수작업으로 라벨을 붙여가며 제품을 납품했다. 설레기도 했지만 떨리고 두려운 시간이었다. 마침내 1월 21일 홈쇼핑 첫방송에서 생들기름 '들깨그대로'는 완판을 기록했다. 그해 홈쇼핑에 참여해서 다섯 차례나 완판기록을 세웠다. 대목인 명절에는 1억 원 넘는 매출을 올렸다. 2018년에도 세 차례 준비한 물량을 모두 팔았다. 생들기름의 주 소비자는 40대부터 70대이고 70대 가운데는 공복 때 약으로 먹는 소비자도 있었다.

홈쇼핑을 바탕으로 성장하여 2017년에는 6차산업 인증을 받았다. 현재 120mL, 180mL, 250mL, 300mL까지 4종류를 생산하고 있다. 매출은 2015년 1억 원에서 시작해 1년 만에 9억 원 그리고 2017년에도

9억 1천만 원을 기록했다. 1년에 54톤의 들깨를 수매하며 이 가운데 조합원이 생산한 분량이 4톤, 나머지는 양평군의 일반 농민이 재배한 것이다. 원래 양평군의 들깨 재배면적은 20헥타르도 되지 않았지만 '들깨그대로'라는 판로가 생기면서 60헥타르로 늘었다.

에버그린에버블루협동조합은 처음부터 선주문 후생산 방식을 고집하고 있다. 이렇게 하면 재고부담이 사라지고 제품의 신선도를 유지할 수 있다는 장점이 있다. 그만큼 제품에 자신이 있다는 것이고 경영을 신중하게 하고 있다는 뜻으로도 풀이된다.

현재 에버그린은 일본 진출을 추진하고 있다. 일본에 보낸 샘플이 후생성(厚生省)을 통과해서 두 번째 주문이 들어왔다. 필자와 인터뷰하는 도중에도 일본에서 온 바이어가 방문하기도 했다. 에버그린에버블루협동조합은 지금 점포에서 10분 거리에 2층 규모의 공장을 신축하고 있다. 농림부에서 7억 원을 지원받고 2억 원을 부담했다. 이곳을 체험, 판매, 유통을 할 수 있는 복합시설로 운영한다는 계획이다.

저온에서 착유한 에버그린에버블루의 생들기름은 홈쇼핑을 통해 날개를 달았다. 주요 소비층에게 메시지를 전달할 최적의 홍보매체를 선택한 것이다.

침전물 제거 특허출원까지

사무실을 찾아온 필자에게 이인향 대표가 가장 먼저 보여준 것이 있다. 침전물이 가라앉는 과정을 단계적으로 보여주는 기름병이었다. 보통 들기름의 침전물을 가라앉히려면 15일이 걸리지만 이렇게 되면 에버그린으로서는 주문에 맞춰 제품을 바로 공급할 수 없다. 침전물을 가라앉히는 데 걸리는 시간을 최소화해야 했다.

수많은 연구 끝에 에버그린은 침전물 추출기계를 특허 출원했다. 정확히 설명하면 기존 기계를 재조립해서 하루 만에 침전물을 제거하고 당일 병입할 수 있는 기능을 개발한 것이다. 공기와의 접촉을 최소화하여 산폐(기름이 공기 중에 산화돼 변색하거나 찌드는 현상)를 낮출 수 있으므로 최상의 품질을 유지할 수 있다고 한다.

에버그린에버블루협동조합은 역사가 4년밖에 되지 않는 신생 마을 기업이다. 그만큼 갈 길이 멀다. 먼저 안정적인 판로를 구축하는 것이 과제다. 필자와의 인터뷰는 홈쇼핑 준비 때문에 3주나 늦춰졌다. 에버그린의 성장에는 홈쇼핑의 역할이 절대적이었지만 60%인 홈쇼핑의 의존도를 낮추는 것을 목표로 하고 있다. 현재 '들깨그대로'는 양평농협 하나로마트, 양평군청 급식, 생협 등에 납품된다. 중소기업청 지원을 받아서 네이버 스마트스토어에도 진출했고 2016년에는 해썹인증도 받았다.

에버그린에버블루는 협동조합이다. 주민들이 영농조합이나 주식회사, 협동조합 가운데 협동조합을 선택한 특별한 이유는 없었다. 조합원 1인 1표로 민주적으로 운영된다는 점도 마음에 들었고 무엇보다도 만드는 게 용이했기 때문이다. 그러나 실제로 해보니 생각하지 못했던 문제가 드러났다. 투자를 비롯해 신속하고 과감하게 결정해야 하는 상황에서 의사결정이 쉽지 않다는 점이다.

"에버그린의 가장 큰 경쟁력은 '들깨'라는 아이템인 것 같습니다. 또 우리를 믿고 들깨를 재배하는 200여 농가가 있다는 점이 가장 든든합니다." 이 대표는 농민이 6차산업을 하는 데 관건은 무엇이냐는 질문에 '제품력'을 꼽았다. 그리고 이 제품을 생산해서 공급할 수 있는 '생산력' '가격경쟁력'이라고 대답했다. 평범한 들깨를 저온에서 기름을 짜는 방식으로 가공해서 시장에서 인정받은 것이 큰 자신감을 준 듯하다.

새로운 공장설비를 들여놓고 양산체제를 갖춰 판로를 다각화해 나간다면 '들깨그대로'는 계속 성장해나갈 것이다. 들깨기름 가공은 창업비용이 상대적으로 적기 때문에 진입장벽이 높지 않다. 이들의 제조법을 그대로 따라 하며 시장에 뛰어드는 후발주자들과의 경쟁에 어떻게 대처하느냐도 과제가 될 것이다.

성장 포인트

1. 들깨기름이라는 기존의 품목을 가공방법을 달리해서 새로운 '부가가치', 새로운 '시장'을 창출했다. '들깨그대로'는 건강에 민감한 소비자들이 관심을 갖는 가공방법을 선택한 것이다.

2. 귀촌자와 마을주민들이 화합하며 서로가 가진 장점을 극대화하는 융합의 결과가 조직의 경쟁력으로 나타났다.

3. 정부지원을 적절히 활용하며 시설을 갖추고 마케팅에 활용했다. 지금의 시설을 확충하고 홈쇼핑에 진출하게 된 데는 경기도, 양평군의 도움이 있었다.

어린잎에 담은
애농(愛農)의 꿈

유통형_애농영농조합법인(전북 진안군)

어린잎 채소를 재배해서 가공, 유통을 뛰어넘어 프랜차이즈에 도전하는 영농법인이 있다. 어떻게 하면 지역의 농산물을 더 판매할 수 있을까 고민하다 프랜차이즈에까지 이르게 됐다. 숱한 실패를 겪었지만 그때마다 딛고 일어섰다. 거침없는 도전, 질풍 같은 추진력은 '애농'(愛農)의 꿈이 있어서 가능했다.

필자가 전북 진안군의 애농영농법인을 방문한 날, 마침 남원의 한 고등학교 학생들이 강연을 듣고 있었다. 강사는 애농영농법인을 설립한 천춘진 대표. 애농영농조합법인은 2013년에 농림부에서 우수체험학습공간으로 지정받아서 고교생들이 합숙하며 실습하는 교육공간으로도 활용되고 있다.

   71년생인 천 대표는 첫눈에도 단단하고 에너지가 넘치는 인상이었다. 붙임성 좋고 상냥하면서도 걸어온 길을 보면 만만치 않은 내공이 있었다. 전주에서 농업고등학교를 나와서 연암축산원예전문대학을 졸업한 그는 농업을 배우겠다는 학생들에게 남다른 애정을 보였다.

일본에서 농학사, 석사, 박사 마쳐

제대로 공부해보고 싶은 생각에 연암축산원예전문대학 추천으로 92년 일본 동경농업대학에 들어갔다. 2년 동안 연구생으로 다니다 농학부 2학년에 편입했다. 일본 문부성 장학금을 받아서 학부, 대학원을 마쳤고 박사 과정도 장학금으로 다녔다.

천춘진 대표가 일본에서 공부하며 식량의 중요성을 깨우치는 사건이 있었다. 93년, 일본이 패전 이후 두 번째로 심각했다는 흉작이 들었다. 이상저온으로 쌀 생산량이 급감했고 마트 앞에는 쌀을 사려는 사람들로 긴 줄이 만들어졌다.

일본정부가 태국쌀을 수입해도 일본 사람들은 사지 않았다. 찰기가 있는 고급 고시히카리에 익숙한 그들 입맛에 인디카종 쌀이 먹힐 리 없었다. 천 대표도 쌀을 구하기가 어려워 한국에서 보내주던 시절이다. '아! 식량은 이런 것이구나, 한순간에 사회의 기본을 흔들 만큼 중요한 것이구나.' 본인이 걸어가는 농업의 길이 결코 가볍지 않다는 것을 느끼는 순간이었다.

800만 원으로 어린잎 재배에 도전

2002년 동경농업대학에서 박사학위를 취득하고 친환경자재를 개발하는 한 연구소에서 근무했다. 돌가루에서 특수한 공법으로 광물을 추출해 작물에 뿌려 그 결과를 테스트하는 업무였다. 2004년 3월, 이 연구소에서 계속 일해 달라는 제의를 뿌리치고 퇴직금 800만 원을 가지고 한국에 돌아왔다.

바로 다음 달부터 고향인 전북 진안군 부귀면에서 어린잎 재배에 뛰어들었다. 땅이 없어서 20평을 빌려 어린잎을 심었다. 수확을 하면 부근의 식당, 예식장을 직접 찾아가 공짜로 나눠주며 소비자들의 반응을 살폈다. 나쁘지 않았다. 해볼 만하겠다는 계산이 서자 규모를 확대하기로 했다.

문제는 돈이었다. 퇴직금 800만 원 가운데 500만 원은 중고 트럭 사는 데 들어가고 홈페이지 만드는 데 100만 원을 쓰고 나니 수중에 남은 돈이 없었다. 은행 문을 두드렸지만 대출 불가였다. 한국에서 월급 한 번 받은 적이 없다며 신용평가에서 0점을 받았다. 겨우 보증인을 세워 1천만 원을 빌렸다. 400평을 임대해서 비닐하우스에서 본격적으로 어린잎 채소를 재배하기 시작했다.

천 대표와 어린잎 채소와의 만남은 사실 일본에서 시작됐다. 일본에서 공부할 때 슈퍼마켓에서 플라스틱 곽에 포장된 어린잎을 보고 관심을 가졌다. 마침 근무하던 연구소 부근에 어린잎을 재배하는 농민이 있어서 자초지종을 설명하고 재배법을 배웠다. 여기서 얻은 재배 노하우가 바탕이 된 것이다. 그는 이 농가에서 씨앗 10종류를 가지고 귀국했다. 국내 주요 대형매장 어디에서도 어린잎을 판매하지 않던 때였다.

천 대표가 어린잎을 선택한 데는 3가지 원칙이 있었다. "우선, 어린잎은 파종해서 2, 3주만 있으면 수확할 수 있습니다. 파종에서 수확까지의 기간이 짧으면 그만큼 자금회전이 빠르죠. 수익성 측면에서 큰 매력이었습니다." 재배기간이 짧아서 수익성 측면에서 가능성이 크다는 것이 첫 번째 원칙이었다. 또, 당시에는 어린잎을 재배하는 농가가 거의 없었기 때문에 충분히 해볼 만한 아이템이라고 생각했다.

둘째, 친환경 무농약 재배를 한다는 것이었다. 어린잎 채소 재배는 토양개량에서 시작됐다. 미생물, 쌀겨를 이용한 친환경농법을 추진했다. 산에서 흙을 퍼와서 쌀겨와 섞고 으름, 쑥, 포도 등으로 만든 효소 액비를 추가해 천연퇴비를 만들어서 뿌렸다. 산에서 가져온 흙에는 미생물이 가득했고 쌀겨에는 미생물의 먹이가 되는 영양분이 풍부했다. 살충제 대신에 마늘즙, 목초액을 뿌렸다. 이런 작업을 통해 산성화된 토양을 회복시키는 데 힘을 쏟았다.

어린잎 판로 찾다가 3번의 실패

천춘진 대표가 어린잎 재배의 원칙으로 삼은 세 번째는 '직접유통'이었다. 농산업에서 농민이 중심이 되려면 생산뿐만 아니라 '유통'할 수 있어야 한다는 소신이 있었다. 농민들이 뙤약볕 아래서 고생하며 재배한 농산물을 중간상인은 옮겨놓았다가 팔기만 하는데도 농민보다 더 많은 이익을 가져가는 구조를 어떻게든 바꾸고 싶었다.

하지만 이 세 번째 원칙이 가장 어려웠다. 3주면 출하되는 어린잎은 눈덩이처럼 불어났다. 계약재배하는 농민들이 생산하는 물량까지 넘쳐났다. 판로를 뚫으려고 노력했지만 늘어나는 생산량만큼 판로를 추가로 확보하는 데는 한계가 있었다.

직접 식당을 운영해야겠다는 데까지 생각이 미쳤다. 2009년 서울 을지로에 샐러드, 녹즙, 샌드위치를 만들어 파는 가게를 오픈했다. 하지만 경험이 부족해 상권조사에 실패했다. 샐러드 가게가 입주한 25층 건물에 예상과 다르게 빈 사무실이 넘쳐났다. 미분양이 많다 보니 건물의 상주인구가 확보되지 않아서 기대한 만큼 매출이 나오지 않았다. 2년 만에 문을 닫았다.

천춘진 대표는 6차산업을 시작하면서 생산, 유통에 대한 확고한 비전을 갖고 있었다. 숱한 어려움을 이겨낼 수 있었던 원동력이었다.

요식업을 너무 쉽게 생각했다는 자책 끝에 이번에는 프랜차이즈를 통해서 요식업의 흐름을 배워야겠다고 마음먹었다. 아이템은 일본에서 봐온 카레라이스였다. 서울에 있는 일본식 카레라이스 프랜차이즈의 가맹점을 2010년 전북대 정문 앞에 열었다. 반응은 좋았다.

하지만 호사다마라고 했나. 다음 해, 일본 후쿠시마에서 원자력 발전소 사고가 터졌다. 카레의 핵심원료는 일본에서 들여왔는데 일본 정부가 식자재 수출을 당분간 중단시켰다. 그러자 프랜차이즈 본사에서는 가맹점에 보내는 식자재 단가를 크게 올려서 마진율이 형편없이 떨어져 버렸다. 고심 끝에 결국 이 사업도 접었다.

그후 자체적으로 '하츠코이'(첫사랑)라는 이름의 프랜차이즈를 만들어 서울 홍대 앞과 전북대 앞에 열었다. '농업은 이 나라의 근간이고 국민건강은 국력이다. 제대로 된 농산물로 제대로 된 가공품을 만들었으니 드셔보라' 이런 초심(初心)을 잊지 않겠다는 뜻에서 '첫사랑'이라는 이름을 지었던 것이다. 마음은 뜨거웠지만 현실은 차가웠다. '하츠코이' 프랜차이즈도 몇 달 가지 못했다.

2013년 '카레 팩토리' 프랜차이즈 열어

3번의 실패, 그래도 미련이 남았을까. 2013년 카레 프랜차이즈인 '카레 팩토리'를 열었다. 앞서 두 번을 실패했던 전북대 앞 카레점포 바로 그 자리였다. 매출은 순조로웠다. 가맹점을 홍대, 잠실, 동대문, 천안, 대전 등 8개까지 차례차례 늘려갔다.

천 대표가 사업규모를 확장한 데는 나름의 이유가 있었다. 프랜차이즈 가맹점을 100개까지 늘려서 진안군에서 1년에 나오는 친환경쌀 400톤을 내 손으로 유통시키겠다는 꿈이 있었다. 힘들더라도 20개 매장까지만 끌고 가면 시장에서 인정을 받아서 100개까지 갈 수 있다는 꿈을 지금도 가지고 있다고 한다.

하지만 8개의 점포를 직영한다는 것은 무리였다. 관리가 어려워 대

카레 전문점 프랜차이즈에는 지역 농산물 유통에 대한 천춘진 대표의 열정이 담겨 있다.

부분 정리하고 현재 가맹점은 2곳, 직영점포는 전북대점 1곳만 남았다. 천 대표는 프랜차이즈 사업을 하면서 10억 원이 넘는 빚을 지기도 했다. 우리 농산물을 더 많이 팔아서 지역과 같이 사는 것이 그가 프랜차이즈 사업에 뛰어든 이유다. 지칠 때도 있었지만 그 마음을 잊지 않고 있다. 현재, 3곳의 점포에서는 쌀은 전북의 친환경쌀만 100% 사용하고 있다. 카레는 천 대표가 진안에서 직접 만들어 공급한다.

"다시 귀농한다면 적정규모를 택하겠습니다. 가맹점 8곳을 직영한 게 실수였던 것 같습니다. 농사를 지으면서 8곳의 가게를 관리하기는 무리였습니다. 그리고 마케팅에 더 전념하고 가공에도 OEM을 도입하겠습니다." 천춘진 대표의 이런 고백은 농산물 가공, 판매를 준비하는 우리 6차산업체에 대단히 중요한 교훈이 될 것이다.

2017년 매출은 25억 원을 기록했다. 애농에서 생산하는 어린잎은 경상도의 도매점 1곳, 대전의 도매점 2곳, 서울 가락동, 한국생협연대에 납품하고 30여 곳은 택배로 공급하고 있다. 매출비중은 1차가 60%, 2차가 각종 가공식품과 카레팩토리를 포함해 36%, 3차는 교육사업으로 4%이다. 2차 가공품은 카레라이스 완제품, 과일컵, 샐러드 도시락이다.

6차산업을 권장한다고 해서 기계적으로 6차산업의 구조를 만들어가는 것은 대단히 위험하다. 농업 비즈니스를 하다 보면 문제에 부딪히고 그 문제를 해결하기 위해 발버둥 치다 보면 새로운 '시도'를 하게 된다. 6차산업도 시장을 헤쳐나가기 위한 자연스러운 흐름 속에서 추진돼야 한다. "저는 1차를 중심으로 시작했고 1차를 보급하다 보니 주위 농가의 농산물을 책임져야 했죠. 살아남기 위해 가공을 하고 그 사람들과 더불어 잘 살기 위해 음식점에 손을 댔는데 나중에 보니까 이게

6차산업이더라고요. 규모는 더 키우지 않을 생각입니다."

귀농인 농사 지어봐야 농민과 일할 수 있어

천춘진 대표는 전북혁신도시 지방자치인재개발원에서 공무원들을 대
상으로 2년 동안 강의를 하고 있다. 서울의 귀농·귀촌 아카데미에서
도 8년째 강의를 맡고 있다. 천 대표의 박사학위 논문은 '무의 꽃눈분
화에 미치는 생리·생태학적 연구'다. 학사, 석사, 박사 모두 농업경
영 쪽이 아닌데도 그는 농업경영 쪽에서 쉬지 않고 새로운 도전을 해
왔다.

6차산업에서 귀농자, 귀촌자들이 새로운 동력으로 떠오르고 있다.
반가운 일이다. 천춘진 대표가 이들에게 던지는 메시지에 귀 기울여
본다. "1차(농업)를 직접 해보지 않으면 농민들의 마음을 알 수 없습니
다. 진짜 농민의 마음을 알아야 농민을 도와줄 수 있고 농민들과 손을
잡고 농산업을 할 수 있습니다. 그렇다고 해서 귀농하시는 분들, 절
대로 농사 많이 짓지 말고, 건물 새로 짓지 마세요. 기계도 임대해서
사용하세요. 가공을 해야 부가가치가 높다고 해서 정부 보조금 받아
서 가공공장 지으면 1년에 며칠이나 사용합니까?"

천 대표는 6차산업을 활성화하기 위해서는 내실 있고 유통력 있는
로컬푸드 직매장을 정부가 집중적으로 육성해서 농가들이 재배한 농
산물, 가공식품의 판로를 뚫어주는 것이 시급하다고 주장한다. 그는
농업 비즈니스를 하며 여러 차례 쓴잔을 마셨다. 주저앉을 수도 있을
만큼 어려운 시기였을 것이다. 하지만 떨쳐내고 일어나서, 우리의 농

업, 농촌을 위해 힘을 내고 있다. 어떤 이들에게는 천 대표가 가는 길이 6차산업의 길이겠지만 필자에게는 '애농'의 길로 보였다.

성장 포인트

1. 농산물(어린잎) 재배기술을 완전히 습득해 시장조사를 거쳐 단계적으로 재배 면적을 키워가며 어린잎 재배에 뛰어들었다.

2. 어린잎이 아직 국내에서 판매되지 않고 2, 3주면 수확할 수 있다는 점에 착안하며, 무농약 재배를 시도한 점은 농촌자원의 부가가치를 창출하는 차별화된 발상이었다.

3. 농산물 직접유통의 중요성을 깨닫고 확고한 소신으로 직접유통을 추진하며 경영위기를 딛고 일어섰다.

4장.
일본 6차산업의
우수사례

27년 역사 농업공원,
농업체험의 교과서

농촌관광형_㈜농업공원 시기산 노도카무라(나라현)

최근 주목받는 농촌관광의 핵심은 농작업 체험이다. 아직은 농촌민박이나 농산물 판매에 딸린 형태이며 계절의 한계 때문에 제한적으로 이뤄진다. 27년 전, 농업에 체험 관광을 결합시킨 농업공원이 문을 열었다. 6차산업이라는 말조차 없던 시절이다. 주민들이 운영하는 농업공원이 27년을 헤쳐온 스토리에는 귀담아들어야 할 값진 교훈이 있었다.

㈜농업공원 시기산 노도카무라(信貴山のどか村)는 나라현(奈良県), 오사카부(大阪府)에 걸쳐진 시기산에 있다. 시기산은 표고 350미터에 있기 때문에 일교차가 커 양질의 농산물이 생산된다는 평가를 받아왔다. 전철에서 내려 버스로 20분, 여기서 다시 농업공원측의 버스를 타고 10분 만에 공원에 도착했다.

일요일이었지만 공원주차장의 3분의 2는 방문객의 차량이 차지하고 있었다. 1949년생인 오쿠다 테쓰오(奥田哲生) 대표는 수동으로 기어를 조종하는 소형트럭을 운전하며 필자에게 공원을 소개해줬다. 그는 지역 상공회의소에서 경영지도원으로 14년 동안 근무했고 2008년부터 농업공원의 대표를 맡고 있다.

이 공원은 오사까에서 1시간권에 있다. 대도시와 가까워 유리한 점도 있지만 젊은이들이 직장을 찾아 오사까로 떠난다는 점은 큰 위험 요인이었다. 농업은 일본에서도 이른바 '3K'(힘들다: きつい, 더럽다: きたない, 위험하다: きけん)라고 할 정도로 선호하는 분야가 아니다. 산간지역이라서 규모화, 기계화가 어렵다는 고민도 있었다. 농가 후계자가 감소해 경작을 포기하는 휴경논이 증가했다. 지역의 농업을 지키려면 뭐라도 해야 하는 절박한 상황이었다.

그때 떠오른 것이 '관광'이었다. 단순한 관광이 아니라 '농업'을 접목한 '농업체험관광'이었다. 시기산이라는 '관광' 자원과 마을의 '농업' 자원을 잘 활용하면 도시민을 대상으로 '휴식공간'의 역할도 가능하고 그러면 지역농업을 살리는 길이 보일 것 같았다.

당시 이런 아이디어를 떠올린 사람은 이곳의 자치단체인 상고정(三郷町)의 모리 쿄우이치(森 響一) 전 정장(町長)이었다. 마을에서 회의를 거듭한 결과, 전체가구인 40여 농가가 사원으로 참여해 유한회사를 출범시켰다. 농업공원 시기산은 전국 3번째 농업공원이다.

당시 중앙정부가 7억 엔, 나라현과 기초자치단체가 7억 엔을 부담해 92년에 완공됐다. 150석 규모의 농가 레스토랑, 농산물 직매장을 갖추고 있다. 다양한 농업체험도 가능해 6차산업의 완벽한 형태를 띠고 있다.

가마솥밥, 계란줍기체험 만족도 높아

'마음이 풍요로운 자연을 체감(體感)하지 않겠습니까!' 이 농업공원이 추구하는 모토이다. 도시민이 온종일 즐길 수 있는 공원을 표방하고 있다. 전체 40헥타르의 부지 가운데 논, 밭이 5헥타르, 수목원이 2.5 헥타르다. 여기서 40종류의 과수, 야채를 생산해서 체험까지 할 수 있다. 이밖에, 화훼 재배온실, 바비큐장, 캠핑장 등을 갖추고 있다.

과일 수확, 계란 줍기, 버섯 따기, 피자 굽기, 풀밭 썰매 등 다양한 체험이 가능해 많으면 한 해 22만 명이 다녀가기도 했다. 연평균 20만 명이 방문하고 봄, 가을의 주말에는 하루에 3,000~4000명, 많은 날은 5,000명이 찾아온다. 평일에는 500명~1,000명 수준이다. 초등학생 미만은 350엔, 중학생 이상은 600엔의 입장료를 내며 체험료는 따로 받는다.

농업공원 시기산 노도카무라의 경쟁력은 거의 1년 내내 체험 프로그램이 진행된다는 것이다. 1월부터 5월까지는 딸기, 4월부터 5월까지는 표고버섯, 7월부터는 옥수수 8월은 포도, 블루베리, 9월에는 감자, 밤, 10월에는 귤 등 40여 종류의 과일, 야채 수확체험을 할 수 있다. 딸기 따기 체험은 30분 동안 마음껏 따서 먹는 방식이다.

최근에는 딸기 따기를 비롯해 과일 수확에 참여하는 외국인들이 늘어나고 있다. 또, 소바면 뽑기, 모내기, 소시지 만들기, 곤약 만들기, 허브화환 만들기, 딸기잼 만들기 등의 체험교실도 운영된다. 돌가마에 구워내는 피자도 좋은 반응을 얻고 있다.

이 가운데서도 가장 인기 있는 체험은 가마솥 밥을 지어 먹는 것이다. 가마솥밥은 야외에 설치된 가마에서 장작불을 피워 짓는다. 솥뚜

닭 우리에 들어가서 꺼내온 달걀을 가마솥에서 갓 지은 밥에 비벼 먹고 피자를 돌가마에 구워 먹는 체험은 이 공원의 대표 프로그램이다.

껑을 열고 밥에서 김이 나오면 가마 주위에 몰려든 관광객 사이에서 일제히 환호성이 터져 나온다. 여기에 닭 우리에 들어가 직접 주워온 계란을 갓 지은 가마솥 밥에 비벼서 먹는 것이다. 방목해서 키운 닭이 낳은 계란은 맛이 좋아서 농업공원이 자랑하는 대표품목이다. 1개에 50엔을 받고 판매하기도 한다.

2002년부터 생산, 가공, 체험 시스템 갖춰

㈜농업공원 시기산 노도카무라는 농산물의 생산 · 가공 · 판매의 통합을 기본 컨셉으로 하고 있다. 92년 농업공원 개원과 함께 농가 레스토랑을 열었고 2002년에는 농산물 직매소를 확충해서 농산물 가공을 시작했다. 2002년에 이미 농산물 생산, 가공, 판매, 체험 시스템을 갖췄으니 시기적으로 보면 6차산업의 선구자다.

당시는 6차산업이라는 단어는 나오지도 않던 때다. 농산물은 아무리 명품이더라도 소비 시즌이 끝나면 제값을 받기 어렵다. 가공품으로 만들어야 농산물 재고의 부담을 덜고 노동력도 효과적으로 활용할 수 있다. 1차산업의 결과인 농작물을 헛되이 하지 않기 위해서라도 남은 농산물을 원료로 해서 가공하는 2차산업이 필요했다. 필요에 의해서 자연스럽게 그렇게 되더라는 것이 오쿠다 테쓰오 대표이사의 설명이다.

날씨영향 체험객 급감, 농산물 가공으로 해결

아무리 그렇다고 해도 이 농업공원의 주요 수입원은 농업체험이지 농산물 가공이 아니다. 농산물 가공이 왜 그렇게 중요했는지 이해가 잘 되지 않는다고 하자 오쿠다 대표의 설명이 이어졌다. "올해 10월부터 2주 동안 비가 내렸어요. 입장객이 가장 많이 와야 하는 대목에 비가 내려서 입장객이 3분의 1도 안 왔어요." 그는 인터뷰를 하는 도중에 이 이야기를 세 차례나 꺼냈다.

해마다 4, 5월과 10, 11월은 농업공원이 가장 붐비는 시즌이다. 하지만 지난 10월부터 12월까지 2주 동안 비가 내려 하루 1,000명이 넘던 입장객이 300명 정도밖에 오지 않았다. 대목장사를 완전히 망친 것이다. 방목해서 키우는 700마리의 닭도 문제였다. 이 닭이 하루에 500개의 계란을 낳는데 1,000명이 넘게 방문하면 이 계란을 가마솥밥 체험 프로그램으로 다 소비할 수 있다. 하지만 300명밖에 오지 않으면 계란은 갈 곳이 없어진다.

기상상황은 농업공원 운영의 최대의 불확실성 요인이다. 이것은 역설적으로 이 농업공원이 6차 산업에 눈을 돌리는 계기가 됐다.

농작물 수확체험도 마찬가지다. 제 시기에 수확하지 않으면 농작물은 시들거나 물러터지게 되고 나중에 방문객이 오더라도 제대로 체험할 수 없다. 기상상황에 따라서 방문객수가 들쭉날쭉하면 입장료 수입은 물론 체험료 수입까지 큰 타격을 받게 된다. 2주 동안의 영업부진이 한해 매출에 큰 영향을 줄 거라는 설명이었다.

이런 배경에서 농산물의 가공은 선택이 아닌 필수였다. 자체적으로 만든 사과잼, 딸기잼, 매실장아찌, 말린 표고버섯, 만두, 야채피자, 모치 등은 모두 그렇게 해서 가공한 식품이다. 방목해서 키운 닭이 낳은 계란도 당일 소비되지 않은 것을 모아서 '푸딩'으로 만들었다. 이제는 이 공원의 대표상품으로 판매되고 있다.

"농업공원을 운영해볼수록 1차, 2차, 3차 어느 한 분야가 아무리 뛰어나더라도 하나만으로 성공하기 어렵다는 것을 깨닫게 됐습니다. 전체가 결합돼야 그 효과를 극대화할 수 있습니다." 오쿠다 대표는 기상상황이 경영에 가져오는 마이너스 영향을 최소화하기 위한 포트폴리오를 염두에 두었더니 6차산업이 자연스럽게 따라오더라고 말한다.

공원內 생산, 공원內 소비 원칙

필자는 오쿠다 대표와 인터뷰하면서 이 농업공원만의 중요한 경영원칙 하나를 발견했다. 시기산 농업공원의 직매소에서 판매하는 농산물과 가공품의 대부분은 이 농업공원에서 재배한 것이다. 일반적으로 농업공원에서 판매하는 농산물, 식재료는 대부분 외부에서 사오거나 인근 농가와 계약재배를 통해 조달한다. 하지만 시기산 농업공원은 공원 안에서 생산한 농축산물을 전량 사용하는 것을 원칙으로 한다.

이런 점 때문에 관광객들은 더 안심하고 구매하며 먹을 수 있다. 손수 수확한 농작물을 가공해서 만든 먹거리이기 때문에 농산물 직매소 앞에서 선뜻 지갑을 열더라는 것이다. 또, 농산물 가공의 원료와 레스토랑의 식재료를 안정적으로 공급받을 수 있다는 장점이 있다. 이 공원에서 생산된 농산물은 수확체험, 직매장, 가공식품, 레스토랑, 바비큐 등에 소비된다. 남는 물량은 학교급식이나 아침시장에도 출하된다.

이런 원칙 때문에 딸기 따기, 계란 줍기 체험을 하겠다는 신청이 몰리면 그날은 가공식품으로 들어갈 딸기와 계란이 부족해진다. 따라서 딸기잼과 푸딩의 생산량은 그날그날 딸기 따기와 계란 줍기 체험객수에 따라 달라진다. 딸기와 계란이 부족할 때 외부에서 구입해 가공식품을 만들면 매출을 더 올릴 수 있지만 이곳에서는 그렇게 하지 않는다. 앞으로도 그럴 생각은 없다고 한다.

공원에서 생산한 것은 어디까지나 공원에서 소비한다는 원칙을 고수한다. 외부에서 식재료를 들여온다면 이곳만의 먹거리가 사라져서 입장객들이 굳이 이곳을 방문할 이유가 없어진다는 것이다. '생산자의 얼굴이 보이는 판로 만들기'를 통해 소비자가 안심하고 먹을 먹거리를 만든다는 원칙을 지킬 때, 소비자들의 재방문이 이어질 수 있다고 판단하고 있다.

"수익이 될지 어떨지는 모르겠지만 이 원칙을 지켜왔기 때문에 지금의 시기산 농업공원이 있다고 생각합니다." 오쿠다 대표는 이런 원칙이 이제는 시기산 농업공원 직원들에게도 완전히 자리 잡았다고 말한다. 27년이라는 세월을 거치면서 소비자들에게도 이런 마음이 전달돼 신뢰를 낳고 있다는 설명을 덧붙였다.

자립경영, 스스로 모든 것을 해결하자

지난 87년, 마을 회의에서 농업공원 시기산 노도카무라를 맡아서 운영하자는 의견이 나왔을 때의 일이다. 주민들은 정부도 운영에 참여하는 제3섹터 방식을 반대했다. 당시는 전국적으로 제3섹터가 유행이었다. 하지만, 정부에 의존하지 않고 스스로 책임지고 맡아보자는 뜻에서 유한회사를 만들어 농업공원을 운영하기로 결정했다. 경영에 책임을 지고 적자가 나서는 안 된다는 배수(背水)의 진을 치는 마음가짐이었다.

"우리 공원은 지자체가 시설을 짓고, 우리 농가가 민간기업을 만들어 운영하고 있지만, 적자운영은 허락되지 않는다고 생각합니다. 공원을 운영하면서 아직까지 정부 보조금을 받은 적이 없습니다." 이런 정신은 농업공원 운영에도 그대로 녹아들었다. 오쿠다 대표는 프로그램 개발이나 시설운영에서도 컨설턴트와 전문가에게만 의존하지 않고 직원 스스로 판단하도록 한다. 호평을 얻고 있는 돌가마 피자의 가마도 모두 직원들이 손수 만든 것이다. 이런 것이 자신감으로 이어지고 또 노하우도 쌓이게 된다.

도시민들이 원하는 농업, 농촌의 매력은 무엇인지 끊임없이 고민하고 새로운 시도를 해야 했다. 농업공원에서 머무르는 시간을 더 늘려 온종일 즐겁게 보낼 수 있는 프로그램을 발굴해야 한다. 농업, 농촌 자원을 새로 조합하거나 다르게 배치해보고 새로운 시각으로 바라보는 노력이 필요했다. 그 결과, 정원, 미니 동물원, 헬스클럽, 데이캠프 등을 추가로 운영하면서 계속 새로운 아이디어와 피드백을 되풀이하고 있다.

이런 노력으로 농업공원 간의 경쟁이 치열하고 경기침체가 이어지던 시기에도 고객 감소가 적었고, 최근 수년간 흑자경영이 이어지고 있다. 2016년 연매출 2억 3천만 엔을 기록했다. 농업체험 수입이 3분의 1, 가공품 판매가 3분의 1, 식당 판매가 3분의 1을 차지하고 있다. 99년에는 농림수산제 마을만들기 부문에서 총리대신상을 수상했다. 관광농업을 배우려고 중국, 한국에서도 찾아오는 등 행정시찰이 늘고 있다.

이곳에 근무하는 직원은 비정규직을 포함해 모두 60명이다. 설립당시에는 지역주민들이 중심이 됐지만 지금은 4분의 1밖에 되지 않는다. 주민이 고령화하기 때문에 후계자를 양성하는 것이 과제다. 여름, 겨울에 방문객이 급감하는 것을 최소화하는 마케팅 능력도 갖춰야 한다. 그러기 위해서는 생산, 가공, 판매에서 일관된 서비스를 제공한다는 원칙을 지키되 시장상황에 따라 새로운 지혜를 짜낼 수 있는 유연한 사고가 요구된다.

성장 포인트

1. 공원內 생산, 공원內 소비라는 원칙을 27년 동안 일관되게 지켜 이곳만의 차별화된 부가가치를 방문객들에게 제공했다.

2. 농업공원에서 재배한 농산물을 가공식품으로 개발해 날씨 때문에 방문객 예약이 취소되거나 방문객이 크게 감소하는 상황에 대비했다.

3. 제3섹터 방식 대신, 주민들이 직접 운영하는 방식을 선택함으로써 책임감을 높여 정부의 보조금을 받지 않고 자립경영을 유지해왔다.

유통형_농사조합법인 우리보우(미에현)

6차산업이 새로운 농업경쟁력의 동력으로 주목받으면서 농산물 직매장이 계속 늘
어나고 있다. 하지만 차별화된 경쟁력을 갖춘 곳은 많지 않다. 특히, 배후인구가
적은 소규모 직매장의 생존법은 어디에서 찾아야 할까. 소비자를 어떻게 끌어모아
서 고정고객으로 확보할 수 있을까? 한 소규모 농산물 직매장이 그 실마리를 제공
하고 있다.

농사조합법인 우리보우의 농산물 직매장이 있는 미에현(三重県) 이나
베시(市)는 인구 45,000여 명의 소도시다. 직매장은 전원풍경이 펼쳐
지는 농촌의 기차역 바로 옆에 있다. 규모도 크지 않고 외형으로만 보
면 소규모의 평범한 농산물 직매장이다. 하지만 30여 년 전으로 거슬
러 올라가다 보면 만만치 않은 이력을 확인할 수 있다.

주1회 노천시장으로 시작

1989년 미에현의 옛 이나베정(町)에 있는 농협 앞에서 시장이 열렸다. 회원 30명이 일주일에 한 차례 여는 아침시장이었다. 아침시장은 계속 이어져 1996년에는 사람들의 왕래가 더 잦은 이나베정의 자치단체 청사 주차장으로 이전했다. 자신감이 붙어 시장을 여는 날도 일주일에 3일로 늘었다. '아침시장 우리보우'라는 이름까지 붙어 제법 번듯한 시장으로 성장했다.

하지만 순탄하지만은 않았다. 매일 판매하는 게 아니다 보니 아무래도 느슨할 수밖에 없었다. 통일된 컨셉을 유지하지 못하고 오락가락했다. 규모가 커지면서 농산물의 판매, 정산 업무가 복잡해졌지만 마땅히 전담할 인력도 부족했다. 체계를 잡지 못하고 갈팡질팡하던 아침시장에 구원투수로 나선 것은 지역의 젊은 농가들이었다.

2002년, 흑미를 생산해서 흑미주, 흑미과자를 만들던 4명의 젊은 농가들이 제품 판로를 생각하다가 마침, 아침시장 '우리보우'를 떠올린 것이다. 당시 우리보우를 담당하던 아침시장위원회와 머리를 맞댄 것이 계기가 돼, '아침시장 우리보우를 생각하는 모임'이 발족했다. 여기서 그동안 아침시장이 안고 있는 문제점을 고쳐서 지역농업을 진흥시키는 발판으로 만들어보자는 목표까지 세우게 됐다.

미에현과 기초지자체도 뜻을 같이하며 멤버로 참여했다. 최종결론은 아침시장을 발전적으로 해체하고 새로운 지산지소(地産地消) 컨셉으로 기차역 옆에 농산물 직매소를 개설하는 쪽으로 모아졌다. 운영은 농산물 출하자 조직이 맡기로 합의가 이뤄져 2004년에 131명의 지역주민이 420만 엔을 출자해서 농사조합법인 '우리보우'를 설립했다.

6월에는 신설된 오이즈미(大泉) 기차역 바로 옆에 농산물 직매장 '후레아이노 에키(驛) 우리보우'(76평)가 문을 열었다. 건축비 1억 엔 가운데 55%는 중앙정부, 이나베시의 지원을 받았고 나머지 45%는 주민들이 부담했다. 해마다 90만 엔의 임대료를 이나베시에 내는 조건이었다.

"인근 욧까이치(四日市)의 시장까지 가서 출하하려면 어느 정도 안정된 생산량을 확보해야 했습니다. 이 지역의 소농들로는 간단한 일이 아니었죠. 차라리 지역 농산물을 지역에서 판매하면 어떨까 고민했고 그러려면 우리 농산물을 팔아줄 농산물 직매장을 여는 것이 제일 좋겠다는 결론이 나왔습니다. 지역을 일으킨다고 하면 허풍이겠지만 옛 이나베정은 아무것도 없는 지역이었기 때문에 스스로 뭐라도 해보고 싶어 농민들과 협력해서 우리보우를 시작했습니다." 히시끼 아스시(日紫喜 淳) 대표는 원래 농협에서 영농지도를 했다. 15년 전 당시, 농협 청사 앞에서 아침시장 개설을 주도했던 인물이다.

농산물직매장에 가공시설, 아이스크림 가게까지

필자가 우리보우 직매장을 방문한 때는 오후 2시쯤이었다. 농산물이 다 팔려 빈 진열대가 적지 않았다. 이곳에 농산물을 출하하는 농민은 개점 당시 30명에서 이제는 181명으로 늘었다. 농민들이 내는 농산물 출하 수수료는 15%. 출하되는 농산물은 200종류이며 꽃, 차, 가공품까지 더하면 500종류다. 농산물은 귤, 배를 제외하면 모두 직매장에서 10km 이내에서 생산된 것이다.

"그만큼 농산물이 팔리기 때문에 출하농가가 늘어나는 거죠. 옆 농가가 출하하는 것을 보고 나도 할 수 없냐고 문의해오는 농민이 하나 둘 늘어서 지금에 이르게 됐습니다." 히시끼 대표의 설명이다. 평일에는 부근의 단골손님을 중심으로 하루 평균 450여 명이 다녀간다. 주말에는 40분 거리에 있는 나고야(名古屋), 욧까이치 등지에서 정기적으로 오는 고객이 많다. 보조금을 받던 초창기 3년과 2015년을 제외하면 흑자를 내고 있으며 2016년 매출은 2억 3천만 엔으로 꾸준히 증가하고 있다.

직매장에는 가공시설도 함께 들어섰다. 지역 농산물을 원료로 한 화과자, 반찬, 조미료, 양파 드레싱, 사탕, 전통술 등 다양한 가공식품이 진열돼 있다. 6차산업이라는 말이 일반화하기 전부터 지역 농산물을 사용한 가공품을 적극적으로 만들어왔다. 대표적으로 빵, 도시락, 화과자가 인기상품이고 야콘 카레, 양파드레싱 등 가공품도 꾸준히 소비자들의 선택을 받고 있다. 지금이야 겨울에도 다양한 농산물을 갖추고 있지만, 예전에는 수요에 비해 공급량이 부족했기 때문에 가공품을 확충하려고 부단히 노력한 결과였다.

직매장 우리보우의 가공식품에 새로운 경쟁력을 가져다준 품목이 있다. 지역에서 생산된 식재료를 활용한 '젤라토'였다. 이탈리아제 젤라토 생산기계까지 들여와 2014년 4월에 아이스크림 가게인 '젤라토의 역(驛)'을 직매소 바로 옆에 열었다. 딸기, 귤, 토마토, 옥수수, 고구마 등 제철 야채와 과일을 사용해 70종류의 젤라토를 만들어 판매한다. 테이크아웃 할 수 있는 상품도 40종류나 된다. 매출이 꾸준히 유지되어서 농산물 직매소의 효자품목으로 자리 잡고 있다.

포인트카드 '우리짱', 요일별 할인행사

2012년부터 농사조합법인 우리보우는 포인트 카드인 '우리짱'을 발급하고 있다. 요일별 할인행사와 구매 포인트를 연계한 카드다. 즉, 200엔어치를 구입할 때마다 1포인트가 적립돼 200포인트가 쌓이면 500엔짜리 상품권을 준다.

매주 월요일에는 '쌀의 날', 금요일에는 '젤라토의 날', 12일은 '두부의 날', 29일은 '육류의 날'로 운영한다. 이날 해당 품목을 구입하면 포인트를 2배로 적립하는 혜택을 준다. 현재, 5,900명이 '우리짱' 카드를 사용하고 있다.

포인트 카드를 도입한 데는 나름의 절박한 이유가 있었다. 초창기의 가장 큰 어려움은 농산물 출하량이 고르지 않다는 것이었다. 많을 때와 적을 때의 편차가 컸다. 특히 고객이 많은 토요일에는 농산물이 넘쳐나지만 월요일에는 출하량이 적었다. "매주 화요일이 정기휴일

고정고객을 확보하기 위해 요일별 할인행사, 구매포인트제를 도입해 운영하고 있다.

이기 때문에 월요일과 화요일을 묶어서 쉬려는 농민들이 있어서 월요일에는 농산물 출하량이 적었습니다. 월요일 매출이 뚝 떨어지기 때문에 월요일 매출을 평일 수준으로 끌어올리기 위해서 매주 월요일에 뭔가 대책이 필요했습니다." 그래서 히시끼 대표는 고객들의 방문을 유도하기 위해 월요일을 '쌀의 날'로 정했다고 한다. 오전에 오는 고객의 70% 이상이 카드 회원이다.

'우리보우'가 운영하는 직매장이 문을 열자 마을 풍경이 조금씩 달라지기 시작했다. 조그만 커뮤니티가 만들어진 것이다. 소비자에게 산지(産地) 직접 구매의 매력은 재배한 농민의 얼굴을 볼 수 있다는 점이다. 또, 생산자들은 매일 아침 농산물을 출하하면서 자연스럽게 다른 주민들과 안부를 묻고 남는 채소를 서로 나눠 가져간다. 필자가 직매장에서 만난 올해 여든 살의 오까모토 사치요(岡本さち代)씨는 직매장을 개장할 때부터 농산물을 출하해왔다. 집에서 가까운 곳에 직매장이 있어서 아주 편해졌다며 환하게 웃었다.

좋은 농산물, 수퍼보다 비싸게 팔아! 농산물 경쟁력이 6차산업 바탕

농산물 직매장을 준비할 당시만 해도 비교적 젊은 주민들이 있었기 때문에 나름대로 자신감이 있었다. 하지만 직매소 운영은 쉽지 않았다. 초창기 매출은 볼품없었다. 지금의 10분의 1 수준이어서 관리비 내기도 빠듯했다. 문을 열고 3년까지는 정부에서 1천만 엔을 지원받아 겨우 운영했다. 또, 이 직매소에서 승용차로 10분 거리에는 8곳의 수퍼마켓이 있다. 경쟁이 치열해서 가격경쟁으로는 대형유통업체 계

올해 여든 살인 오까모토 사치요씨. 고령농에게 농산물 직매소는 판로이고 커뮤니티 공간이자 농업을 지속하는 발판이다.

열의 슈퍼마켓을 도저히 이길 수 없었다.

아무리 생각해도 좋은 농산물을 소비자들에게 제공하는 것 말고는 방법이 없었다. 관건은 재배기술이다. 농사조합법인 '우리보우'는 조합원의 재배능력을 향상시키기 위해 10년 전에 '우리보우숙(塾)'을 개설했다. 농민들이 머리를 맞대고 농작물 재배기술을 공부하는 모임이다. 종묘회사, 농업자재회사, 지자체 농업개량보급센터에서 강사를 초청해 1년에 7~8차례 강습회를 열었다. 기본적인 재배기술부터 고품질의 농산물을 재배할 수 있는 새로운 기법 등을 연구했다.

농가들의 밭을 돌며 현장 순회지도회도 열었다. 또, 선진기법을 도입한 농가를 직접 찾아가 견학했다. 농작물 재배기술 때문에 '우리보우숙'을 열었지만 당초에 기대하지 않았던 큰 성과가 있었다. 농작물 생산에 구심점이 생긴 것이다. 정기적으로 만나서 재배기술을 논의하면서 품목조절, 출하시기에 대해 농민 간의 협의가 자연스럽게 이뤄졌다. 이런 노력을 통해 서서히 소량 다품목 생산체계를 구축했다.

'다른 슈퍼마켓도 있는데 왜 우리보우 직매장을 오냐'는 질문에 고객들이 '이곳 물건이 더 좋기 때문'이라고 응답하는 것을 보며 자신감을 갖게 됐다고 히시끼 아스시 대표는 말한다. 그 결과, 인근 8곳의 슈퍼마켓보다도 더 높은 가격에 농산물을 판매하고 있다. 딸기 1팩이

슈퍼에서는 500엔이지만 이곳에서는 600엔이다. 가격 인하경쟁에 내몰리지 않고 직매장을 안정적으로 운영해나갈 수 있는 바탕이 다져진 것이다.

농사조합법인 우리보우에도 농산물을 출하하는 농민들이 지켜야 할 운영 매뉴얼이 있다. 농산물 출하방법, 가격 결정 방법, 포장규격, 진열 등에 관한 것이다. 우리보우는 자체적으로 품질위원회를 운영한다. 4명의 품질위원은 매뉴얼을 지키지 않은 농산물을 철수시키는 권한을 가지고 소비자의 눈높이에서 진열된 상품을 점검한다.

생산자, 농산물 직매소 주도적 참여

일반적으로 농민들은 직매장이 문을 열면 상품에 가격을 매겨서 진열대 위에 올려놓는 것까지를 본인의 역할이라고 생각하기 쉽다. '우리보우'에는 설립 당시에 생긴 큰 원칙 하나가 있다. 생산자가 주체적으로 직매장 운영에 참여한다는 원칙이다. 누구에게 의지하지 않고 조합원들이 주인의식을 갖고 소비자들과 만나는 곳이라면 어디든 달려간다는 것이다.

예를 들어 이벤트, 체험 교실, 식농(食農) 교육, 가공식품 개발·제조, SNS 홍보 등 기본적인 농산물 판매 외에도 '우리보우'가 정기적으로 추진하는 사업과 업무는 적지 않다. 이 가운데 판매촉진 이벤트, 체험교실, 식농교육에서는 농민들의 역할이 큰 비중을 차지한다.

이런 측면에서 21명의 젊은 전업농가들이 이끌어가는 '우리보우 청년회원 교류회'는 가장 주목받는 생산자 조직이다. 농업기술과 경영

을 연구하는 자발적인 모임으로 시작해 해마다 봄에 열리는 판촉행사 '메차 이노베이션'(めちゃイナベーション)의 기획, 실행업무도 전담하고 있다. '우리보우 청년회원 교류회'가 소비자들과 교류하기 위한 주요 이벤트를 맡고 있기 때문에 큰 힘이 되는 것이다.

이밖에도 중학생을 대상으로 한 근로체험, 수확제, 햅쌀축제, 전골 요리자랑, 채소품평회 등의 이벤트에도 생산자들이 적극적으로 참여한다. 초등학교의 농작업체험, 지역농업과 향토음식을 주제로 한 고등학교의 식육(食育) 관련 과목에도 농민들이 강사로 참여한다.

조합원들의 이런 참여정신은 농사조합법인 '우리보우'만의 경쟁력이다. 후계자 부족, 고령화로 쇠퇴해가던 농업지역이지만 직매장 우리보우가 문을 열고나서부터는 농산물 재배가 활발해졌다. 주목할 점은 여성, 고령자뿐만 아니라 대학졸업자, U턴 귀농자들이 정착하게 됐다는 것이다. 레스토랑의 셰프가 딸기를 심고 교사 출신의 젊은이가 차를 재배하는 모습이 나타난다. 농산물을 잘만 재배하면 팔 수 있는 판로가 생겼기 때문이다.

주민과의 교류 없이 6차산업 없다

이곳 농산물 직매소에 마련된 체험공방에서는 다양한 소비자 행사가 열린다. 소바 체험교실, 향토 요리교실, 꽃꽂이, 고기만두 만들기 프로그램 등이 정기적으로 운영된다. 매달 세 번째 일요일에는 소바 체험, 첫 번째·세 번째 수요일에는 요리교실, 그리고 한 달에 한 번씩 초밥교실, 두 달에 한 번씩 양식, 스무디, 화과자, 꽃꽂이 교실 등을 열고 있다.

또, 1년에 10차례의 축제나 이벤트를 열어 소비자들과 끊임없이 교류한다. 농산물 직매장이 농업 6차산업의 대표적인 시설로 인식되면서 일본에서도 농산물 직매장 간의 경쟁이 날로 치열해지고 있다. 따라서 이런 소비자 행사를 통해 고정고객을 확보하지 않으면 경영을 안정시키기 어렵다.

2012년 우리보우는 시민들의 적극적인 참여를 끌어내기 위해 직매장에서 800미터 떨어진 곳에 '챌린지 농원'을 개설했다. 시민들에게 땅을 빌려주고 농사를 짓도록 도와주는 방식으로 운영된다. 4월부터 다음 해 2월까지 사용하고 25,000엔에서 40,000엔을 받는다. 농원은 전체 3,000제곱미터 규모로 시민들에게 100제곱미터 또는 50제곱미터 단위로 빌려준다.

시민들이 경작하는 '챌린지농원'. 시민들에게 농업을 이해시키고 미래의 소비자로 만들기 위해 2012년부터 시민농원을 운영하고 있다.

챌린지 농원은 단순하게 땅을 빌려주는 데서 끝나지 않는다. 우리보우가 농지, 자재, 종자, 비료까지 모든 것을 지원한다. 전문 농업인인 조합원들이 파종, 김매기, 시비, 수확은 물론 수시로 재배 지도를 한다. "챌린지 농원은 이익을 목적으로 한 것이 아닙니다. 소비자가 농사를 지어보면 농업을 이해하게 되죠. 그렇게 해서 농업을 지탱해주는 든든한 우군이 되도록 하는 데 목적이 있습니다." 히시끼 대표는 2017년에는 30명의 도시민이 챌린지 농원에 참여했다고 말한다. 이는 자연스럽게 도시민들이 '우리보우'의 소비자가 되도록 연결해주는 효과도 가져온다.

필자가 국내 6차산업체들을 취재하면서 가장 취약하다고 느낀 점이 바로 소비자와의 지속적인 교류다. 소비자와의 안정적인 접점이 만들어지면 6차산업체의 인지도가 올라가고 소비자들에게 늘 옆에 있다는 존재감을 각인시킬 수 있다. 여기에는 소비자와 생산자가 직접 어울릴 수 있는 공간이 꼭 필요하다. 6차산업체들은 그 필요성은 인정하면서도 한결같이 이벤트나 홍보업무를 추진할 인력이 부족하다는 점을 호소한다.

2005년부터 매월 소비자에게 신문 발행

'우리보우'와 소비자들을 이어주는 또 하나의 끈이 있다. 농사조합법인 우리보우에서는 지난 2005년부터 매월 우리보우 신문을 발행한다. 월간신문에서는 직매소에 농산물을 출하하는 농업인과 재배기법을 소개하기도 하고 그달에 열리는 이벤트, 체험 프로그램 등의 일정을 안내한다. 직매소에서 판매하는 제철 농산물을 이용한 음식 조리법도 소개하고 회원들의 이야기도 공유한다. 고객들에게 끊임없이 '우리보우'의 존재감을 각인시키는 것이다. 매달 초에 2,000부를 고객들에게 나눠준다.

직매소 문을 열고 얼마 지나지 않아서 생긴 일이다. 주부 10명이 고가의 설비를 들여와 직매장에 빵집을 열었다. 직매장 입장에서도 반대할 이유가 없었다. 하지만 결과는 신통치 않았다. 주부들이 열심히 노력했지만 빵맛이 좋지 않아서 매출이 오르지 않았다. 아무 경험이 없는 주부들에게는 무리였다. 월매출이 최소 100만 엔은 돼야 하는데 30~40만 엔밖에 되지 않았다. 히시끼 대표는 숙련된 기술이 있는 사람으로 교체하고 싶었지만 주부들은 계속하겠다는 뜻을 꺾지 않았다. 나중에 주부들이 이 사업을 포기하면서 일단락됐지만 이때 많은 것을 깨달았다고 한다. 어렵더라도 필요한 것은 늦추지 말고 바로 용단을 내려야 한다는 점이다.

현재 '우리보우'에는 26명의 직원이 농산물 직매소와 가공식품, 체험 프로그램 운영에 참여하고 있다. 이 가운데 정사원은 2명이고 나머지는 시간제 근로자다. 농산물 가공 쪽은 60대에서 70대 노인들이 맡고 있다. 2015년에 전국 지산지소 추진협의회 회장상을 받았다. 지금처럼 지역민들과 밀착된 마케팅으로 대형 슈퍼마켓들이 따라할 수 없는 차별화된 경쟁력을 계속 유지해나가는 것이 농산물 직매소 '우리보우'의 과제로 지적된다.

성장 포인트 ✏️

1. 노천시장에서 출발해 단계적으로 성장해오며 역량과 공동체 정신을 내부에 축적할 수 있었다.

2. 소비자들과 교류할 수 있는 접점을 다양한 형태로 마련해 농산물 직매장의 존재감을 꾸준히 인식시키고 있다. 연중 고객 이벤트, 챌린지농원, 월간신문 등은 소비자와의 끊임없는 커뮤니케이션이며 지역농업에 대한 고객들의 이해를 돕는 데도 큰 도움이 됐다.

3. 생산자인 농민들을 직매소 운영에 적극적으로 참여시켜 직매소와 소비자에 대한 농민들의 이해를 극대화하고 있다. 본인이 재배한 농작물을 소비자들이 어떻게 소비하는지를 직접 확인해 피드백할 유용한 기회가 되고 있다.

농가식당,
지역순환경제를 이끌다

공동체형_㈜세이와노 사토(미에현)

한 달도 못가 망할 거라던 농가식당이 13년째 탄탄하게 운영되고 있다. 시작부터
남달랐다. 농가식당을 운영해보려는 주민들에게는 참고서가 되기에 손색이 없다.
문을 열기 전까지만 해도, 농가식당 한 곳이 지역농업과 지역사회에 이렇게 많은
일을 할 수 있으리라고는 전혀 예상하지 못했다. 자치단체도 외면했던 농가식당이
었다.

논을 앞에 두고 있는 농가 레스토랑 '마메야'. 농산물직매장까지 운영하며 생산, 유통, 소비로 이
어지는 지역농업의 선순환구조를 완성시켰다.

'세이와노 사토(せいわの里)'가 운영하는 농가식당 '마메야'(まめや)는 논으로 둘러싸여 있다. 식당 자리도 원래는 논이었다. 손님들이 자연스럽게 사시사철 유리창 너머로 논을 바라보며 식사할 수 있는 구조다.

기타가와 시즈코(北川静子) 대표는 농가 레스토랑 '마메야'를 탄생시킨 주역이다. '마메야'의 부지는 원래 키타가와 대표의 조상들이 대대로 농사를 짓던 논이다. '아마 조상들이 후손인 제가 여기서 사업을 하게 될 것을 아시고 이곳에 땅을 마련해놓으셨던 것 같다'며 환한 미소로 필자를 맞이해줬다.

마을에 대한 책임감으로 '농가 레스토랑 해보자'

"자신감이 아니라 책임감으로 시작했습니다." 필자가 던진 첫 질문은 '이 사업을 시작할 때 자신이 있었냐'는 것이었다. 키타가와 대표는 이 고장에서 태어나 자랐고 자치단체 공무원으로 근무했다. 공무원이라는 안정된 직장까지 포기하고 이 사업에 뛰어들게 만든 '책임감'은 어디에서 왔을까.

키타가와 대표가 공무원이던 지난 2000년, 지역 농협에 밥맛을 측정하는 식미계(食味計)가 도입됐다. 본인이 사는 마을의 쌀을 측정해봤다. 결과는 놀라웠다. 전국적으로 맛있는 쌀로 유명한 니이가타(新潟)의 우오누마(魚沼) 쌀의 수치가 75, 마을의 쌀은 이보다 높은 82였다. 어릴 때부터 먹어왔지만 이렇게 대단한 쌀이라는 것을 그동안 마을주민들은 모르고 있었던 것이다. 쌀 외에도 쓰께모노(절임류), 두부, 된장, 죽세공품 등 주민들이 모르고 지나쳐온 자원이 많다는 것을 깨달았다.

공무원 출신인 키타가와 시즈코 대표(왼쪽). 지역에 대한 애착, 농업의 이해, 공무원의 경험을 갖춰 마을사업의 최적임자로 평가 받는다.

키타가와 대표는 당시 공무원으로 주민들과 자원봉사 활동을 하고 있었기 때문에 공무원과 주민 간의 의식 차이를 느낄 수 있었다. 주민들은 마을에 애착이 있고 물건을 만드는 지혜, 기술도 갖췄지만 그것을 어떤 형태로 개발해나가야 하는지 그 방법을 몰랐다. 지역이 힘을 발휘하려면 '틀'이나 '조직'을 튼실하게 만드는 것이 중요하다고 느꼈다. 이런 문제의식은 주민들과 함께 6차산업체를 발족시키는 토양이 됐다.

일단 맛있는 쌀이 있으니 된장국과 쓰께모노만 제대로 갖추면 시골 밥상의 형태로 지역 특산품이 될 수 있겠다고 생각했다. 곧바로, 쓰께모노와 된장을 만드는 자원봉사 조직을 만들었다. 각종 행사에 나가서 판매하거나 아는 사람끼리 나눠 먹어보니 평가가 나쁘지 않았다.

해볼 만하겠다는 판단은 들었지만 이런 활동만으로는 한계가 있었다. 당시 키타가와 대표는 자치단체 직원으로 지역 특산품인 쌀, 야채, 쓰께모노, 된장 같은 특산품과 관광자원을 홍보하는 업무를 맡고 있었다. 하지만 '어디서 먹을 수 있죠? 어디서 구매할 수 있나요?'라는 질문이 들어와도 딱히 추천할 수 있는 장소가 없었다.

원래, 이 마을은 해마다 7월이면 만 송이의 수국(水菊)이 활짝 피어 '수국의 마을'로 알려져 있었다. 꽃이 필 때면 수만 명의 사람들이 몰려오지만 차를 마시거나 식사할 수 있는 변변한 휴게소 한 곳이 없었다. 뾰족한 방법이 없어 시간만 흘려보냈다.

더구나, 고령화 문제도 심각했다. 자원봉사조직의 구성원들은 나이 들어가지만 신입회원은 들어오지 않았다. 10년 뒤에는 이 봉사단체마저 사라져버릴지도 모른다는 위기감을 느끼게 됐다. 그때 머릿속에 이런 생각이 떠올랐다. '그렇다. 먹을 곳, 판매하는 곳, 생산하는 곳을 하나로 만들면 되겠다.' 이 마을에는 허브 만들기, 수국 마을 만들기 등의 자원봉사 활동이 이전부터 있었기 때문에 마을을 살리기 위해 농가 레스토랑을 해보자는 제안이 나왔을 때 주민들이 받아들일 심정적인 토대가 쌓여 있었다.

이런 고민 끝에 2003년 농업법인 유한회사 '세이와노 사토(里)'를 설립해 곧바로 농가 레스토랑 '마메야' 개업을 준비했다. 유한회사는 지금까지 자원봉사 형태로 운영돼 오던 단순한 농촌 부녀회 활동과는 달랐다. 농촌문화의 계승이라는 목적을 체계적으로 달성하기 위한 틀로서 법인형태로 설립됐다.

보조금 신청서 2년 동안 퇴짜

농가 레스토랑을 설립하려면 우선 자금이 필요했다. 마을주민들, 농산물 가공업자 등에게 참여를 호소해 35명이 출자했다. 주민들이 출자한 규모는 전체 사업비의 3분의 1인 1,050만 엔. 나머지는 정부 보조금, 농협 대출을 이용하기로 했다. 대출이나 정부지원을 받기 위해서는 사업계획서를 작성해야 했다.

여기서 최대의 벽이 기다리고 있었다. 몇 번씩이나 미에현청(三重県廳)에 보조금 신청서류를 제출했지만 그때마다 다시 써오라는 답변이 돌아왔다. 농촌의 평범한 노인들에게 사업계획서를 써본 경험이 있을리 없다. 서류를 제출했다가 퇴짜 맞는 일이 되풀이됐다. 그래도 좌절하지 않고 그럴 때마다 전부 모여서 밤늦게까지 머리를 맞댔다.

무리일지도 모른다는 분위기가 퍼질 때쯤, 지푸라기라도 잡는 심정으로 미에현 산업지원센터에 상담을 신청했다. 여기서 상공회연합회를 소개받아서 겨우 보조금 신청서를 작성할 수 있었다. 처음으로 예상수입, 비용, 재료조달, 관리비, 세금문제까지 제대로 살펴보는 계기가 됐다. 결국, 보조금이 결정될 때까지 2년이라는 시간이 걸렸다.

창업전문가들은 사업계획서를 창업을 준비하는 첫걸음으로 생각하고 큰 의미를 둔다. 사업계획서를 작성하려면 자금조달, 시장성 분석, 수입·지출계획 등에 대한 구체적인 통계가 필요하다. 이 통계를 제대로 반영하려면 시간이 걸리더라도 발품을 팔아야 한다. 주먹구구식으로 사업계획서를 작성할 수 없으니 제대로 작성하다 보면 본인들이 이 사업을 제대로 할 수 있을지, 그 타당성과 본인들의 능력을 검증해보게 된다.

이 과정이 어렵다고 해서 공무원이나 외부인에게 맡겨놓으면 보조금 심사를 통과하더라도 사업을 제대로 추진하기 어렵다. 관련 규제, 법률, 기술 등에 대해서 전문가나 지자체의 자문을 받을 수 있지만 그

중심에는 항상 마을 주민들이 있어야 한다. 사업계획서를 쓴다는 것은 사업현장을 직접 둘러보고 눈으로 확인하는 일이 전제되어야 한다. 컨설팅 업체가 대신 작성해준 사업계획서가 어떤 결과로 이어졌는지는 과거 정부의 보조금사업을 보면 알 수 있다.

주민들 밥그릇, 젓가락 가져다 농가식당 개업

한 고비를 넘겼지만 문제는 또 있었다. 보조금 신청액은 운전자금을 포함해 1,250만 엔이었다. 하지만 운전자금 250만 엔은 삭감됐고 1,000만 엔만 지원됐다. 2년 동안 서류를 준비해 보조금을 신청했으니 미에현에서 보조금을 주지 않을 수는 없었지만 영 미덥지 않았던 것이다. 때문에 운전자금은 한 푼도 없는 상황에서 사업을 시작할 수밖에 없었다.

농가 레스토랑으로 사용할 건물은 건립했지만 기계와 비품 등을 살 돈이 없었다. 당장 밥그릇, 젓가락부터 도마, 식칼까지 구입할 길이 막막했다. 키타가와 대표가 떠올린 것은 집에서 보관하고 있는 가재도구를 가져오는 것이었다. 뷔페식당을 운영하는 데 필요한 밥그릇, 젓가락통, 커튼, 냄비 등은 농가마다 창고에 쌓여있던 것을 가져와 해결했다. "우리 식당의 그릇은 짝이 안 맞고 제각각입니다. 여러 집에서 쓰던 것을 가져왔으니까 그렇게 된 겁니다. 할머니들은 시집올 때 가져왔던 기모노를 풀어 방석을 만들어줬습니다." 할아버지들은 대나무로 메뉴판, 바구니를 제작해줬고 젓가락통도 주민들이 직접 만들었다.

어떻게든 식당을 열어보겠다는 주민들의 마음이 모아지자 여기저기서 아이디어가 쏟아졌다. 가게의 얼굴인 간판도 주민들이 만들어줬다. 두부를 만드는 기계는 두부가게에서 공짜로 얻을 수 있었다. '농촌주부들이 식당을 해보려는데 돈이 없다'는 사정을 이야기했더니 그 지역에 유일하게 운영되다 문을 닫게 된 두부가게에서 50년 동안 사용한 프라이어(fryer)를 흔쾌히 넘겨줬다. 각종 튀김요리를 만들 때 썼던 프라이어는 50년 분의 기름이 새까맣게 쩌들어 끈적끈적할 정도였다.

2월의 추운 겨울, 키타가와 대표와 5명의 여성이 4주 동안 주말이면 밖에서 프라이어의 기름때를 금속 구둣주걱으로 긁어냈다. 새까맣던 프라이어에서 스테인리스의 은색이 나올 때까지 마을여성들은 추위도 잊고 힘을 보탰다. 하겠다는 뜻을 세우니 지혜가 모이고 그것이 다시 마을주민들을 연결시켜줘 문제를 해결한 것이다. 그렇게 해서 2005년 4월 17일, 논 한가운데에 농가식당 '마메야'가 드디어 문을 열었다.

"지금 생각해보니 그렇게 준비했던 것이 좋았습니다. 정말 필요한 시간이었습니다. 사업계획서를 2년 동안 준비하면서 정말 많은 것을 배웠습니다. 또 개업준비를 하면서 주부들의 마음을 하나로 모을 수 있었습니다." 키타가와 대표는 당시의 경험이 값진 자산이 됐다고 한다. 부족한 부분을 끝까지 해결하기 위해 고민하고 애쓰던 시간이 있었기에 오늘의 '마메야'가 존재하는 것이다.

한겨울에 때를 벗겨냈던 프라이어는 지금도 사용하고 있다. 마을의 구성원들이 정말 스스로 이 일을 할 수 있는지 본인들의 의지를 확인하며 하나가 될 수 있었던 시간이었다. 손님들은 식당이 논 한가운데 있어서 농촌풍경도 감상할 수 있고 실내장식과 식기 등에 정(情)이 느껴져서 좋다는 반응을 보인다. 키타가와 대표는 돈이 풍족했다면 모두 새것을 샀을 테고 그랬다면 다른 점포와 다를 게 없었을 것이라고 말한다. 하지만 돈이 없어서 있는 것을 고쳐 쓰고 손으로 만들어 쓰다 보니 '마메야'만의 아날로그적 감성이 고객들의 마음을 은근히 파고든 것 같다고 털어놓는다.

'한 달도 못가 망할 겁니다' 문 열고 보니 줄 서서 기다려

농가 레스토랑 '마메야'는 오전 11시부터 오후 6시까지 운영된다. 목요일은 정기휴일이다. '지역에서 수확한 제철 야채, 쌀, 콩을 사용한 농촌음식'을 모토로 내걸고 점심시간에 디저트를 포함해 25~30종류의 음식을 뷔페 형식으로 제공해 호평 받고 있다. 평일에는 80~100여 명, 휴일에는 100~150여 명의 손님이 다녀간다.

"보조금을 신청할 때, 마을 사람들은 한 달도 못 가서 망한다고 했어요. 우리가 평소에 먹는 음식을 이런 논 한가운데서 판매하는데 누가 여기까지 먹으러 오겠냐. 당시 분위기는 삭막했습니다." 하지만 지금은 식당 문을 열기 전부터 고객들이 길게 줄을 설 정도로 인기를 얻고 있다. 마메야에서 제공하는 음식은 화려하지 않다. 예전부터 내려오는 농촌음식뿐이다. 콩비지 샐러드, 쓰께모노, 된장국, 젠자이(콩, 팥 등에 설탕을 넣고 끓인 음식) 등이다.

농가주부들은 전문 셰프가 아니기 때문에 농촌요리밖에 만들 수 없다. 그래도 지역의 식재료를 사용해 정성스럽게 만들어 내놓으니 그 나름의 풍미가 있더라는 것이다. 마메야 요리의 식재료 대부분이 지

우리의 '집밥'을 떠올리게 하는 가정식 뷔페 메뉴를 선보이고 있다. 이곳의 그릇은 주부들이 집에서 사용하던 것을 가져와 짝이 맞지 않는다.

역산인 이유는 메뉴에 식재료를 맞추는 것이 아니라 지역에서 생산된 식재료에 맞춰 메뉴를 개발했기 때문이다. 당일 아침에 농가에서 가져온 농산물을 보고 메뉴를 정한다.

지역에서 재배한 야채 등을 사용해서 두부, 된장, 쓰께모노, 과자, 반찬 등을 만들어 인근 농협의 농산물 직매소, 슈퍼마켓 등 10개 점포에서 판매한다. 학교급식으로 일주일에 두 차례, 600인분의 된장, 두부 등을 공급하고 독거노인들의 도시락도 납품하고 있다.

2012년에는 '마메야' 바로 옆에 농산물 직매소를 열었다. 지역의 식(食)문화를 지키기 위해서는 소량 다품목 농업이 필요했다. 고령화가 심각한 마을에서 소량 다품목 농업이 살아남으려면 가까운 곳에 안정적인 판로가 있어야 했다. 농산물 직매소에는 100여 명의 지역농가가 농산물을 납품한다. 농산물 직매소 매출의 3분의 1은 마메야다. 마메야가 지역농민들이 생산한 농산물을 식재료로 소비하는 것이다. 조미료를 제외하면 마메야에서 사용하는 식재료의 99%가 지역산 농산물이다. '마메야'라는 판로가 생겼기 때문에 지역의 고령농, 소농들이 소량이지만 꾸준히 농산물을 재배할 수 있는 것이다.

지역산 '콩' 재배, 순환경제를 만들다

농가 레스토랑, '마메야'를 상징하는 것은 '콩'이다. '마메야'의 '마메'는 콩이라는 뜻이다. 가공시설에서는 매일 아침 5시부터 두부를 만든다. 갓 만들어낸 두부, 유부, 간모도끼(두부속에 야채를 넣고 튀긴 음식) 등을 농가 레스토랑에 제공한다. 콩은 '후쿠유타카'(フクユタカ)라는 지역산 콩을 사용한다.

이 콩을 원료로 만든 두부가 마메야의 인기상품이다. 마메야에서는 솥에서 50분 정도 푹 삶아서 콩의 맛을 끌어내는 예전의 제조법을 그대로 유지하고 있다. 한 솥에 50모밖에 만들 수 없기 때문에 매일 4차례 작업을 반복한다. 이렇게 함으로써 콩의 감칠맛을 낼 수 있다고 한다. 제조 시간도 생산량도 비효율적이지만 농촌의 전통기술을 지켜가기 위해서라도 이런 생산방법을 유지한다고 말한다.

'마메야'는 지역산 콩, '후쿠유타카'를 생산하기 위해 2004년에 영농조합을 설립했다. 영농조합은 173명으로 구성돼 20헥타르에서 농약과 비료를 50% 저감시킨 콩을 생산한다. 마메야는 여기서 생산된 콩의 3분의 2가량인 24톤을 식재료로 구입하고 나머지는 주변의 농산물 직매소에 출하한다.

마메야는 이 콩으로 두부를 만들고 나온 콩비지를 이용해 연간 120톤의 콩비지 퇴비를 농가에 제공한다. 농가는 콩비지 퇴비를 흙에 뿌려 농작물을 재배한다. '마메야' 바로 앞의 밭과 농산물 직매소에는

'콩이 키운 야채'라는 표지판이 붙어있다. '콩'을 활용한 환경보전형 농업이 이뤄지는 것이다.

'마메야'가 지역에서 활동함으로써 지역산 콩 '후쿠유타카'가 재배될 수 있고

'콩이 키운 야채.' 콩비지로 만든 퇴비를 밭에 뿌려 재배한 농작물이라는 점을 설명하는 안내문.

환경보전형 농업, 학교급식 납품, 지역 내 판매 등 생산, 판매, 소비로 이어지는 지산지소의 지역순환형 모델이 완성, 유지되는 것이다. 콩은 마을의 식문화를 상징하며 농민들과 지역주민, 소비자를 하나로 이어주는 연결고리다. '농촌문화를 다음 세대에 전달한다'는 마메야의 테마가 '콩'을 통해 실현되고 있다.

'영농'과 '공존', 농촌특성에 맞는 '시급제'

'세이와노 사토'는 기획부, 마메야부, 생산부 등 3개 부서를 두고 있다. 이 가운데 가장 규모가 큰 마메야부 산하에 과자, 장류, 주방, 두부 등 4개 팀이 운영된다. 60, 70대 여성 8명으로 시작한 마메야는 현재 20대부터 80대의 여성 40명이 근무하는 농가 레스토랑으로 성장했다. 근로자가 40명이나 되는 것은 시급제로 일하기 때문이다.

근로자의 절반이 시급으로 820엔에서 1,000엔을 받고 일한다. '마

메야'는 문을 열 때부터 시급제로 운영돼왔다. 대부분이 주부인 근로자는 육아, 농업, 가사 등 각자 생활에 지장 없는 시간에 나와서 일을 하므로 일, 농사, 가정생활을 유지할 수 있다. 또, 근무일수도 일주일에 2일부터 5일까지 제각각이다.

"이 지역에서는 종일 근무할 수 있는 근로자를 찾을 수 없습니다. 찾는다고 해도 그 주부는 농사를 지을 수 없게 되어서 농사를 포기할 수밖에 없습니다. 그러면 논밭은 휴경지가 돼버립니다." 키타가와 대표는 이것은 '마메야'가 추구하는 바가 아니라고 힘주어 말한다. 인터뷰가 이뤄진 날, 키타가와 대표는 무를 뽑아서 단무지를 담는 작업을 하다가 인터뷰를 하기 위해 '마메야'에 나왔다. 농사를 지으면서 '마메야'에서 일해야 마을 공동체가 그대로 유지될 수 있다고 생각한다. 그래서 농사일로 가장 바쁜 4월 하순, 모내기철에는 '마메야' 전체가 농번기 휴업을 실시한다.

'마메야'의 2016년 연매출은 1억 엔이다. 이 가운데 식사판매가 3분의 1, 농산물 직매소 판매가 3분의 1, 10개 점포와 학교급식 등에 식자재를 납품하는 매출이 3분의 1로 고르게 분산돼 있다. 2,000만 엔을 기록해 적자를 냈던 창립 첫해를 제외하면 매출이 꾸준히 성장하고 있다.

여기서 빠뜨릴 수 없는 성과가 바로 지역주민들의 자신감이다. '마메야'에는 지역은 물론 미에현 밖에서도 많은 방문객이 찾아온다. 마메야에서 판매하는 것은 지역에서 흔히 먹는 가정요리뿐이다. 이 요리를 먹기 위해 많은 외지 사람들이 온다는 것은 이 지역의 가정요리와 식재료가 긍정적인 평가를 받는다는 뜻이다. 그리고 이런 모습을 지켜보면서 마을 주민들이 본인들이 사는 이 고장을 다시 보게 됐다는 것이다.

6차산업으로 농촌문화 보존한다

키타가와 대표는 다음 세대가 이어받아야 할 농촌문화는 자급자족하던 시절, 생활의 지혜에 많이 담겨있다고 느낀다. 농가 레스토랑에서 곤약, 두부, 미소 덴가꾸(두부에 된장을 발라 구워먹는 전통음식) 등을 만들 때 예전의 식문화를 그대로 살려 호평을 받고 있다. 두부를 만들고 남은 찌꺼기를 활용한 '콩비지 퇴비'를 밭에 뿌리는 것도 과거 이 지역에서 하던 순환형농업을 그대로 재연한 것이다.

마메야의 주방이나 밭에서 20~80대의 주부들이 공동으로 작업하며 향토음식을 만들고 농산물을 재배하는 전통방식이 노인에게서 젊은이에게로 이어지고 있다. 도쿄대학교의 쓰끼오 요시오(月尾嘉男) 교수는 "정부가 다양한 농업정책을 펴고 있지만 대부분이 경제 목적이며 문화를 전승하는 것은 다루지 않고 있다. 지역주민들이 스스로 일어나 지역의 농업과 농촌문화를 계승해가는 활동이 각지에서 시작됐지만, 그중에서 가장 주목받는 곳이 세이와노 사토"라고 평가했다.

커뮤니티형 6차산업화의 대표격인 '세이와노 사토'는 지역생산, 지역소비, 지역순환 등에서 확실한 구심점 역할을 하고 있다. 과제는 농촌문화를 계승할 후계자를 발굴하는 것이다. 농가식당 '마메야'가 왜 필요하고 어떤 역할을 하는지를 명확하게 이해하는 지역의 일꾼들이 계속 합류해야 한다. 또한, 이들을 믿고 소량이더라도 농산물을 꾸준히 재배할 젊은 인력이나 귀농, 귀촌인들이 이 마을로 모여든다면 '세이와노 사토'는 계속 지역활성화의 거점으로 남을 수 있을 것이다.

성장 포인트 🖋

1. 전국에 농가 레스토랑이 넘쳐나지만 '콩'이라는 확실한 소재를 개발해 소비자에게 그 존재를 각인시키는 데 성공했다.

2. 지역 문제를 스스로 풀어보자는 공감대가 바탕이 됐고 주민들이 힘을 모아 우여곡절 끝에 창업으로 연결시킨 '공동체 정신'이 있었다.

3. 여성 주부들의 가사, 직장이 양립할 수 있도록 농촌실정에 맞는 '시급제'를 도입했다. 이를 통해 인건비 부담도 덜 수 있었다.

찹쌀의 변신,
모치에서 파스타까지

식품가공형_농업법인 코우카 모치공방(시가현)

일본의 전통 음식문화에서 빠뜨릴 수 없는 것이 바로 '모치'다. 농촌에서는 축제나 주요 농작업 시기에, 가정에서는 자녀의 출산, 입학, 관혼상제 등 인생의 주요 시기에 등장하는 생활에 뿌리내린 음식이다. 모치를 만드는 것 자체가 일본의 전통 식문화라고 할 수 있다. 지역의 식문화를 꿋꿋이 지켜가며 찹쌀의 다양한 변신에 도전하는 마을이 있다.

필자가 방문한 12월 중순은 1년 가운데 가장 바쁜 대목이다. 정월을 앞두고 주문량을 맞추기 위해 공장은 풀가동되고 있었다. 카와이 사다오(河合定郎) 대표는 인터뷰 도중에도 여러 차례 걸려오는 주문전화를 받고 종업원들에게 업무를 지시하느라 인터뷰가 몇 번 중단될 정도였다. 12월 대목에는 모치를 만드는 데 하루에 400kg의 쌀이 들어간다.

　이곳에서는 전통적인 '절구 찧기' 제법을 사용한다. 떡을 찧을 때,

공기가 들어가면 기포가 생기고, 기포가 많으면 떡을 구울 때 내용물이 터져나오기 쉽다. 절구 찧기를 하면 기포가 잘 생기지 않아서 찰기 있는 모치가 만들어진다.

일본 최고의 찹쌀 '시가하부타에모치'

농업법인 코우카(甲賀) 모치공방(工房)이 있는 시가현(滋賀県) 코우카시(甲賀市)라고 하면 코우카 닌자(忍者)를 떠올리는 일본 사람들이 많다. 코우카 닌자의 발상지라고 해서 기차 내부에 닌자 조형물이 설치돼 있을 정도다. 이곳에는 닌자 못지않게 유명한 것이 있다. 바로, 일본 제1이라는 찹쌀품종, '시가하부타에모치'(滋賀羽二重糯)다.

일본 최고의 찹쌀로 평가받는 '시가하부타에모치'

코우카시의 코사지(小佐治) 지역은 3백만 년 전 비와호(琵琶湖)의 바닥이었다고 전해진다. 논에서는 지금도 조개껍데기 화석이 발견된다. 비와호에 퇴적된 대량의 중점토질(重粘土質) 토양은 푸른빛을 띤 독특한 색상으로 이 지역에서는 '즈린'(ずりん)이라고 불린다. 미네랄이 풍부해 화학비료에 크게 기대지 않고도 지력으로 벼를 재배할 수 있었다.

특히, 이 흙은 '시가하부타에모치'가 자라는 데는 더없이 좋은 토양이었다. '시가하부타에모치'는 1939년 시가현에서 개발한 품종으로 이 쌀로 만든 모치는 찰기가 좋아서 1952년부터 1988년까지 정월용 모치 쌀로 천황에게 진상돼왔다. 일본 전국적으로 80종류 이상의 찹쌀품종이 있지만 '시가하부타에모치'가 최고의 찹쌀로 인정받았다.

찹쌀 생산량은 적으니 '모치'를 만들자

코사지 지역에 거주하는 주민의 50%는 농민이다. 골짜기에 끼어있는 밭이 많아서 농업조건이 좋다고 할 수는 없었다. 품종은 우수하지만 생산량이 많지 않으니 찹쌀 자체로는 한계가 있었다. 농민들이 찹쌀 가공에 눈을 뜬 것은 자연스러운 선택이었다.

1972년 지역 여성들이 중심이 돼 찹쌀을 가공한 상품개발에 뛰어들었다. 6차산업이라는 말이 나오기도 훨씬 전이다. 1988년, 쑥을 집 어넣은 '약초 장수(長壽) 모치'가 시가현의 '맛 콘테스트'에서 지사상(知事賞)을 받은 것이 계기가 됐다. '시가하부타에모치'로 만든 모치는 찰기, 점성(탄성), 신축성 등 3박자를 완벽하게 갖추고 있다.

마을 전체가 모치 상품화에 팔을 걷어붙였다. '모치를 특산품으로' 라는 캐치프레이즈까지 내걸 정도로 주민들 전체가 힘을 모았다. 98 년부터는 모치문화를 알리고 소비자들과 교류를 확대한다는 목적으로 해마다 11월 3번째 일요일에 마츠리(祭り)를 개최하고 있다. 여기서는 떡 찧기, 모치마키(떡 던지기), 쌀가마 나르기, 짚풀공예 등을 선보인다.

닌자의 필수품으로 알려진 '닌자모치'는 쑥, 유자, 깨, 차조기, 마

등 5종류의 맛을 즐길 수 있다. 반경(半餠)은 말 그대로 모치를 절반으로 얇게 자른 떡으로 전골이나 떡국에 딱 맞는 떡이다. 팥을 삶아서 설탕을 섞어 반죽한 쓰부안(粒あん)과 쑥이 듬뿍 들어간 고향의 맛, '요모기안모치'(よもぎあん)는 대표상품이다.

1994년에는 모치의 가공, 판매 거점으로 '코우카 모치 후루사토관(館)'이 건립됐다. 농업구조개선사업을 이용해 전체 1억 2천만 엔 가운데 55%는 정부와 자치단체의 지원을 받았고 45%는 마을주민들이 부담했다. 95년에는 모치공방운영위원회를 조직해 여성중심의 가공활동에 남성도 참여하도록 했고 가공작업의 운영주체도 부녀회에서 모치공방운영위원회로 이관했다. 2002년에는 이런 노력을 인정받아 '풍성한 마을만들기 전국표창사업'에서 농림부대신상을 받았다.

2003년부터 지역특산품인 장수 모치의 생산체제를 강화하기 위해 법인화의 필요성이 자연스럽게 거론됐다. 마을 임의조직으로는 전문적인 기업운영에 아무래도 부족한 것이 많았다. 주민들 사이에서는 단순히 부업으로 여기거나 취미생활의 연장으로 생각하는 경향이 강했다. 회사법인을 목표로 마을 전 주민들을 대상으로 설명회를 거듭했다. 일부 주민이 주도하는 방식이 아니라 전체 마을주민의 의견을 모두 듣고 의견을 공유하는 공동체성이 중요했다고 카와이 대표는 말한다.

마침내, 2006년 61명이 모두 1,000만 엔을 출자해 농업법인 '유한회사 코우카 모치공방'을 설립했다. 법인화를 계기로 모치 생산라인을 증설하고 오존살균시스템을 갖춘 최신시설을 갖췄다. 면적도 과거 시설의 3배로 확장했다. 또 제분기, 경단제조기 등을 도입해 효율적으로 업무를 추진할 수 있게 됐다.

코우카 모치공방의 전경.

이 마을은 주민들의 결속력이 좋아서 무슨 일이든 총출동해서 서로 돕는 상부상조 정신의 뿌리가 깊었다. 마을 여성들의 공동작업이 바탕이 돼 자연스럽게 마을사업으로 발전한 것이다. 코우카 모치공방이 6차산업의 모델인 동시에 농촌의 커뮤니티 비즈니스로서도 주목을 받는 이유다.

기업 컨셉은 '사람과 사람의 인연을 소중히 하는 마을 커뮤니티 비즈니스로서 더 안전하고 맛있는 상품을 소비자와 함께 창조한다'는 것이다. 구체적으로 ① 판로 확대, ② 신상품 개발, ③ 체험을 통한 모치문화의 전승을 목표로 내걸었다.

6차산업, 원료의 안정적 공급망이 있어야

최고의 찹쌀이라는 '시가하부타에모치' 품종과 비와호의 중점토질 토양은 치명적인 약점을 안고 있었다. 중점토질 토양은 찰기가 강해서 배수가 나빴다. 농작업에 기계를 사용하기도 어렵고 수렁논에서는 장화가 제대로 빠져나오지 않아서 작업하기가 대단히 고역이었다.

또, '시가하부타에모치' 품종의 벼는 키가 커서 태풍에 약하고 수확량은 다른 품종보다 적었다. 수확기가 늦는 것도 농가들에는 부담이었다. 옆 마을에서는 수확이 끝나가는데 코사지의 농가들은 9월이 돼도 태풍에 벼가 쓰러지지는 않을까, 비가 계속 내리면 기계가 논에 들어갈 수 있을까 걱정이 끝이 없었다. 생산량이 목적이라면 이 품종을 재배하기는 어려웠다. 희소가치는 있지만 수확량이 불안정했다.

따라서 코우카 모치공방으로서는 쌀을 안정적으로 조달하는 공급체계가 시급했다. 모치공방에서 1년 동안 사용하는 '시가하부타에' 찹쌀은 30톤이다. 찹쌀 가격의 등락이 심해서 공급이 불안정했다. 그래서 2004년 '시가하부타에'를 전문적으로 생산하는 '환경모치쌀 생산회'를 만들었다.

모두 29명의 농민이 25헥타르에서 찹쌀을 생산해 전량 코우카 공방에 납품한다. 환경모치쌀 생산회는 2005년에 시가현에서 환경농산물인증을 받아서 모치쌀을 생산하고 있다. 찹쌀 본연의 맛을 살리기 위해 농협의 모치전용 건조시설에서 화력을 사용하지 않고 자연건조한다.

그렇다고 해서 계약재배가 손쉽게 이뤄진 것은 아니었다. 계약을 맺은 농가들이 쌀값이 오르면 그대로 시장에 팔아버리는 일이 벌어졌다. "그런 상황에서는 도저히 계약재배가 정착될 수 없었습니다. 고민 끝에 3년간 쌀 수매가를 미리 정해서 농가들에게 제안했습니다. 그랬더니 농민들도 길게 보면 큰 차이가 없겠다면서 제안을 받아들였습니다." 당시 카와이 사다오 대표는 농민들에게 '우리 마을의 모치를 지키자'는 큰 뜻에 동참해줄 것을 호소해 참여를 이끌어냈다. 이를 통해 모치의 안정된 원료공급, 생산, 판매가 가능한 시스템이 만들어졌다.

계절상품의 한계를 극복할 답은 쌀가공이다

우리의 떡이나 한과처럼 모치도 전통식품이다. 연간매출의 70%가 12월에 집중돼 있다. 매출이 연말에 편중돼 있는 것은 사업체로서는 큰 부담이 아닐 수 없다. 매출을 고르게 분산시키고 노동력도 효과적으로 활용하려면 명절에만 팔리는 모치상품에 변화가 필요했다.

이 지역에서 태어난 카와이 대표는 원래 농협의 영농지도원으로 주로 축산농가를 지도했다. 낙농가가 고생해서 소를 키워 우유를 짜도 청량음료에 밀려 늘 낮은 가격을 받는 모습을 지켜봐 왔다. 농협을 나와서 쌀을 소재로 하는 모치공방에 들어왔지만 여기서도 상황은 비슷했다.

고심 끝에 카와이 대표는 1년 내내 먹을 수 있는 가공식품에서 그 해답을 찾기로 했다. 밥 이외에도 쌀을 더 소비하도록 쌀가루를 활용한 가공식품을 개발한다면 모치의 한계를 극복할 수 있을 것 같았다. 마침내 2007년, 쌀을 원료로 한 상품개발에 뛰어들었다. 쌀가루는 100% 지역산을 사용했다.

모치상품의 주 소비자는 60~70대의 여성이기 때문에 젊은층을 겨냥해 대학생들의 아이디어를 받아서 상품개발을 시도했다. 하지만 생각처럼 쉽지 않았다. 쌀면은 툭툭 끊어졌다. 과연 쌀가루가 면이 될 수

모치의 계절편중을 극복하기 위해 개발한
'오우미 쌀면'

있을까 하는 불안감이 들 정도로 상
품화까지는 시행착오의 연속이었다.

쌀가루와 찹쌀가루의 배합비율
을 바꿔가며 노력한 결과, 쌀가루면
의 상품개발에 성공했다. '오우미 쌀
면'(近江米めん)에는 지역의 중점토질
토양에서 재배한 '시가하부타에'와
멥쌀인 '키누히카리'를 제분한 쌀가
루가 95%, 나머지 5%는 글루텐을
대신해서 국산 감자전분이 들어간
다. 모치의 매출이 감소하는 여름을

겨냥한 상품이었다.

비글루텐, 식감은 좋지만 가격이 문제

"일반 밀가루를 원료로 한 면이 아니기 때문에 밀가루 알레르기가 있
는 사람도 안심하고 먹을 수 있습니다. 찹쌀가루를 첨가해서 면이 쫀
득쫀득하고 탄력이 있습니다. 식감이 좋아서 분명히 상품으로서 차별
성은 있습니다." 카와이 대표는 나름대로 맛은 자신하지만 쌀가루가
밀가루보다 비싸기 때문에 아직 매출은 기대만큼 오르지 않는다고 말
한다.

2009년에는 쌀가루를 활용한 두 번째 상품으로 '쌀가루 타이야끼'
도전이 시작됐다. 쌀가루 타이야끼는 우리의 붕어빵과 유사한 모습이

다. 신상품 개발은 시가현에서 지원하는 '신사업 응원 펀드조성금사업'을 활용했다. 역시 재료인 쌀가루는 100% 지역산을 사용하고 글루텐을 넣지 않는다. 쌀가루 타이야끼에는 치즈, 소시지, 베이컨, 계란 등이 들어가 아침식사 대용으로 안성맞춤이다.

쌀가루 타이야끼의 연간매출은 700만 엔으로 쌀가루 가공식품 가운데 가장 높다. 껍질이 바삭하고 쫀득쫀득한 식감으로 인기를 얻고 있다. 이밖에도 쌀가루 파스타, 쌀가루 파스타그라탕, 쌀면 카레, 쌀가루 롤케이크 등 20종류의 가공품을 판매하고 있다. 쌀가루 가공식품의 과제는 가격, 유통망 확충이다. 아직은 현지 점포판매와 전자상거래만 이뤄지고 있다. 코우카 모치공방에서는 이 문제를 해결하기 위해 식품기업과 손잡는 방안을 추진하고 있다.

코우카 모치공방의 2016년 매출은 7,500만 엔. 이 가운데 모치관련 매출이 80%, 쌀 가공품이 20%다. 쌀 가공품 매출을 더 끌어올리는 것이 과제다. 1년에 하나씩 신상품을 개발한다는 목표를 갖고 있다. "고객들이 싫증을 느끼지 않게 해마다 신제품을 개발한다는 목표입니다. 어떤 상품이 있는지 와보고 싶게 만드는 거죠. 쌀 소비를 더 늘려 농가에 활기를 주는 것이 저희의 소망입니다. 기업과 연계해서 여름에도 잘 팔리는 모치 가공품을 만들어낼 계획입니다." 카와이 사다오 대표의 포부다.

이곳의 정직원은 9명이며 성수기에 시간제 근로자를 고용할 때는 30명이 넘는다. 이 지역의 60대~80대 할머니들이 수작업으로 모치를 만들어 실버 고용에도 한몫하고 있다. 2012년에는 전국농업콩쿠르에서 우수상에 선정되며 농촌의 커뮤니티 비즈니스, 6차산업의 성공사례로 평가받고 있다. 코우카 모치공방의 과제는 장기적으로 후계자를 양성하는 것이다. 제품생산은 지역의 실버인력으로도 가능하지만 신상품을 기획·개발·유통하기 위해서는 유능한 젊은 인력을 확보해야 한다.

성장 포인트

1. 6차산업의 바탕인 1차 농산물을 안정적으로 공급받기 위해 환경모치쌀 생산회를 만들고 3년분 수매가를 미리 결정해 계약재배 농가들의 이탈을 막았다.

2. 계절상품인 '모치'의 한계를 극복하기 위해 찹쌀을 활용한 다양한 쌀가루 가공식품 개발에 도전하고 있다.

3. 모치문화의 전승이라는 목표에 지역주민들의 공감대가 형성돼 있어서 지역 공동체의 지지를 받고 있다.

딸기재배 농민이
농산업 비즈니스맨으로

식품가공형_스카이팜(카가와현)

농업의 고부가가치를 말할 때, '더 이상 농업이 아니라 농산업'이라는 표현을 쓴
다. 하지만 구체적으로 어떻게 해야 농업이 농산업이 되고 농민이 농업 비즈니스
맨이 되는지는 명확하지 않다. 우물 안 개구리처럼 단순히 열심히 하는 것은 정답
이 되기 어렵다. 6차산업을 준비하는 농민들에게 '스카이팜'(スカイファーム)의 고민
과 시도는 길잡이가 될 수 있을 것이다.

기차역까지 마중나온 스카이팜의 카와니시 히로유끼(川西裕幸) 대표와
함께 딸기 농장으로 이동하면서 카와니시 대표가 가장 먼저 꺼낸 이
야기는 정부의 보조금이었다. 정부 보조금을 받으면 어떻게든 사업을
시작할 수는 있지만 꾸준히 고객을 유치해서 매출을 유지하는 것은
어렵다는 주장이었다. 처음이야 의욕을 가지고 시작하지만 정부 보조
금에 의지하는 사업은 현실의 벽 앞에서 꺾이기 쉽다는 것이었다.
　카와니시 히로유끼 대표는 한눈에 봐도 듬직한 외모에 건실한 인상

을 주는 40대 후반의 농부였다. 카가와현(香川県) 타카마츠(高松) 출신으로 조부모는 귤전업농가다. 어릴 때부터 감귤을 수확하면 친척들이 모여 돗자리를 깔아놓고 정겹게 밥을 먹던 추억이 있다. 이런 추억이 장래의 꿈이 됐다. 고교, 대학에서 농학을 전공했고 졸업 후에는 지역의 식물공장에서 수경재배 업무를 맡기도 했다.

'딸기카페'로 탄생한 비닐하우스

도로에서도 한눈에 볼 수 있도록 '스카이팜'이라는 커다란 입간판이 신선한 딸기사진과 함께 비닐하우스 옆에 붙어있었다. 비닐하우스 안에는 작은 카페를 연상시키는 파라솔과 테이블이 다섯 세트가량 설치돼 있었다. 딸기의 생육과정과 딸기체험을 하는 사진도 붙어있었다. 필자도 비닐하우스 카페는 처음 경험했는데 비닐하우스에 들어와서 딸기와 음료수를 먹으며 시간을 보내기에 전혀 손색이 없었다. 딸기를 활용한 6차산업의 첫인상은 이런 모습이었다.

스카이팜의 비닐하우스. 카페라고 할 만큼 산뜻한 접객 환경을 갖추고 있다.

경지면적이 좁은 카가와현에서는 한정된 면적에서 효율적으로 생산할 수 있는 원예가 활발히 이뤄졌다. 특히 고설식(高設) 양액재배 시스템을 보급하며 딸기재배 농가를 육성하고 있었다. 카와니시 대표는 98년에 지인에게 농지 600평을 빌려 딸기재배를 시작했다. 딸기농사는 힘들었지만 즐거웠다. 2004년에는 1,400평으로 규모를 늘렸다. 인근의 딸기재배 농가들과 손을 잡고 법인도 만들었다. 3명의 딸기농가와 땅주인 등 모두 6명이 출자했다.

그러나 일을 제대로 해보려고 하는 순간에 벽에 부딪혔다. 2명의 농민이 이제 나이가 들어서 힘들다는 이유로 법인에서 빠진 것이다. 당장 일손도 부족했지만 더 큰 문제가 생겼다. 처음 생각처럼 품질, 수량이 나오지 않은 것이다. 시행착오가 되풀이됐다. 재배경험이 부족했기 때문이다. 주위의 딸기농가와 자치단체의 농업기술 보급지도원의 조언을 얻어 품질을 차츰 안정시켰다.

어렵게 한고비 넘으니 또 문제가 터졌다. 전국적으로 딸기가격이 떨어진 것이다. 대출을 받아서 재배면적까지 확대한 마당에 가격은 떨어진 데다 결혼하고 아이가 생기면서 고민은 더욱 깊어졌다. 문제를 해결하기 위해 카와니시 씨는 주위로 눈을 돌렸다. 2004년 카가와현 중소기업인 동우회(同友會)에 가입한 것은 카와니시 대표가 경영자로서 눈을 뜨는 소중한 계기가 됐다.

'소비자 생각 않고 딸기 재배했나?'

모임에서 만난 경영자들을 통해 뼈저리게 느낀 바가 있었다. 자신에게 경영자의식이 부족하다는 점이었다. 우선, 농민이 스스로 가격을 매기지 않는 것, 소비자의 수요를 모르는데도 재배한다는 것, 또 경영방침이 없다는 것이 문제였다. '가격도 정하지 않고 누구에게 판매할지도 결정하지 않고 생산하는 것은 있을 수 없는 일'이라는 지적을 받은 카와니시 대표는 정신이 번쩍 들었다. 그때까지는 수확량과 품질은 하늘에 달려있고 수확하면 경매나 농협에 내보내는 방식이 일반적이었다.

그런데 이런 상태로는 경영이 안정될 수 없다는 것이었다. 특히, 농산물인 딸기는 3일밖에 보존되지 않는데 수확할 시점에 가서야 판로를 찾는 것은 불합리하다고 꼬집었다. 농민들에게는 너무나 당연하다고 생각하던 방식이 다른 업종의 사람들에게는 기본도 없는 행위로 보인 것이다. '누구에게, 무엇을, 어떻게 판매할 것인가.' 카와니시 히로유끼 대표가 농민에서 농산업 비즈니스맨으로 변모하기 위한 첫 번째 관문이었다.

제품의 가치사슬을 단순히 생산에서 시작해 유통을 거쳐 판매에 이르는 순차적인 흐름에서만 파악하는 것은 평면적인 이해에 해당한다. 시장에서 팔리는 제품은 거꾸로 판매에서 생산으로, 소비자에게서 생산자에게로 피드백될 수 있다. "딸기를 재배하면서 어떻게 판매할 것인가, 누구한테 팔 것인가를 제대로 고민해본 적이 없었습니다. 농민들한테는 일반적인 일이지만 이분들한테는 말도 안 되는 일처럼 보인거죠. 그때는 저도 부끄러웠습니다." 카와니시 대표는 역시 비즈니스는 다르다는 것을 절실히 깨달았다고 털어놓는다.

카와니시 대표는 중소기업인 동우회의 경영자들과 함께 '무엇을 위해 농업을 하고 있는가' '무엇을 하고 싶은가' 등 농업에서 근본적인 질문을 놓고 반년 동안 고민했다. 지금까지의 영농을 뒤돌아본 것이다. 그렇게 해서 만들어진 스카이팜의 경영모토는 '딸기 한 개라도 스스로 가격을 결정해 얼굴이 보이는 고객에게 판매한다'였다. 그 전까지의 경영모토는 '안심(安心)하고 먹을 수 있는 맛있고 안전(安全)한 농산물을 지역민들에게'였다. 큰 변화가 아닐 수 없었다.

그때까지는 딸기를 재배해서 출하하는 것이 전부였기 때문에 판매에 대한 모티베이션이 없었다. 하지만 구체적인 경영지침을 세우자 무슨 일을 해야 할지 하나씩 보이기 시작했다. 그 첫걸음이 딸기 비닐하우스 옆에 직매소를 연 것이다. 백화점에도 찾아가 판로를 뚫었다. "직거래를 해야겠다는 생각은 늘 해왔죠. 그런데 주위에 그렇게 하는 사람이 없어서 마땅히 배울 곳도 없고 직거래를 했다가 실패하면 어떻게 하나 불안감 때문에 감히 손을 못 대고 있었어요." 카와니시 대표에게 직거래는 큰 도전이었다.

스카이팜은 딸기를 원료로 해서 빙수, 소프트크림, 크레페, 스무디 등의 가공품을 만들어 판매하고 있다.

2006년부터는 상처 나거나 모양이 좋지 않은 딸기를 가공해 소프트 아이스크림, 파르페를 만들어 판매하며 2차산업에 뛰어들었다. 딸기 가공을 시작한 계기는 7월부터 시작되는 농한기의 매출감소를 줄이기 위해서다. 딸기를 원료로 소프트 아이스크림, 크레페, 파르페, 빙수 등을 만들어 딸기향이 가득한 비닐하우스 카페에서 먹을 수 있도록 판매했다.

스카이팜의 딸기세트(아이스크림, 샤베트)는 매년 500~600세트가 팔리고 과자선물로는 카가와현에서 세 손가락에 드는 히트상품으로 성장했다. 딸기를 원료로 공급해 외부에서 생산, 판매하는 케이크, 떡, 아이스크림 등은 타카마츠시의 백화점에서 백중날 선물로도 판매되고 있다. 중소기업 동우회에 가입한 일이 딸기 직거래와 가공식품에 착수하는 계기로 이어진 것이다.

딸기 고정고객 없으면 6차산업 안 된다

스카이팜은 3곳의 비닐하우스(2,100평)에서 딸기, 블루베리를 매일 수확해서 출하한다. 연간 총생산량은 30톤에서 35톤 정도다. 그날 '아침에 수확한 딸기'라는 이름으로 슈퍼마켓에도 진열된다. 생산자가 소비자와 직접 얼굴을 마주하는 자리에서 신선한 딸기를 판매하고 싶다는 열의에서 아침에 수확한 신선한 딸기를 직거래하고 있다. 2006년부터 지역의 케이크 가게, 화과자 가게, 레스토랑 등 20개 가게에 딸기를 납품한다. 백화점에는 스카이팜의 전용 코너가 마련될 정도로 상품성을 인정받고 있다.

각종 체험이나 딸기가공으로 사업을 확대하고 있지만 카와니시 대표가 가장 근본으로 삼는 것은 고품질의 딸기를 안정적으로 생산하는 일이다. 즉, 기본은 딸기재배다. 카와니시 대표에게는 6차산업화를 연구하는 농가들이 자주 상담하러 온다. 그때마다 '딸기를 직접 판매해서 다 팔릴 정도로 고정팬을 만들지 않으면 가공품을 만들어도 좋은 결과로 연결되지 않는다. 지역의 고객들을 만족시킬 수 있는 양질의 원물이 바탕이 되어야 한다'고 자신의 소신을 전한다.

"6차산업을 시작한 지 10년쯤 되는데, 처음 깨달은 것은 1차 농산물 재배가 가장 중요하다는 것입니다. 1차 생산을 제대로 하지 않으면 2차, 3차도 제대로 할 수 없더군요. 농산물을 잘 재배해서 단골 고객들에게 직접 판매하는 것이 가장 이익률이 높고 농사짓는 보람도 있습니다." 카와니시의 말을 종합해보면 1차산업의 직거래를 늘리기 위해서 2차, 3차를 병행한다는 얘기다. 2차, 3차는 고객들을 딸기 농장으로 유치하기 위한 하나의 집객 요소로써 수익률이 높은 딸기 직거래와 연결되기 때문에 6차산업이 의미가 있다고 설명한다.

방송국이나 신문사에서 딸기 가공품, 딸기따기 체험을 취재하기 위해 방문하지만 정작 본인에게는 딸기생산이 가장 중요하다는 것이다. 딸기따기 체험 같은 3차산업이 훨씬 화려해 보이지만 딸기생산이 먼저라는 생각에는 변함이 없다.

스카이팜 딸기의 자존심을 보여주는 사례가 있다. 카와니시 히로유끼 대표는 스카이팜에서 생산한 딸기의 우수성을 알리고 싶어서 자사에서 제조하는 가공품은 될 수 있는 한 가공도가 낮은, 즉 딸기를 원물 상태로 이용할 수 있는 빙수, 소프트 아이스크림, 크레페, 스무디로 하고 있다. 가공도가 높아지면 딸기 원물의 우수성을 소비자가 식별하기 어려워 다른 곳에서 재배한 딸기와 차별화되지 않기 때문이다. 케이크, 과자처럼 가공도가 높아 딸기를 외부 업체에 가공원료로 공급할 때는 상품 포장에 스카이팜 딸기를 원료로 사용했음을 반드시 명기하도록 한다.

스카이팜의 첫해 매출은 800만 엔. 2016년 매출은 6,700만 엔으로 성장했다. 이 가운데 딸기의 원물판매가 60%, 딸기 가공품과 딸기 체험에서 나오는 매출이 40%를 차지한다. 딸기를 사기 위해 스카이팜까지 일부러 찾아오는 고객이 1년에 3만여 명에 이른다. 딸기의 원물판매 가운데 직접판매 비율이 80%나 된다.

소비자 불러오는 '홍보력'에 답이 있다

6차산업을 순조롭게 이끌어 가는 데는 '홍보'가 열쇠였다고 한다. 카와니시씨가 한 장의 편지를 내밀었다. 거기에는 '수확일, −월−일−시' 카와니시씨의 사진, 메시지와 함께 딸기를 재배하면서 고수해온 재배방법이 적혀있었다. 소비자들이 구매한 딸기가 신선하다는 사실을 알아줬으면 하는 마음에서 딸기를 수확한 시간까지 적은 편지를 딸기 포장에 넣어서 고객들에게 전달한다는 것이다.

'아무리 좋은 딸기를 재배해도 딸기를 가게에 늘어놓기만 해서는 고객이 일부러 사러 오지 않는다. 고정팬을 어떻게 만들지 고민하지 않으면 딸기를 재배하는 의미가 없다.' 카와니시 대표가 다른 업종의 종사자들에게 영업 노하우를 물으며 받은 조언이다. 고정팬을 만들기 위해서는 우선은 스카이팜의 딸기를 알리는 일이 먼저였다. 카와니시 씨는 딸기를 원료로 한 소프트크림을 만든 뒤 보도자료를 작성했다. 언론사에 배포하자 거짓말처럼 방송국, 신문사에서 취재하기 위해 스카이팜을 찾아오더라는 것이다. 열심히 좋은 농산물을 만드는 것은 기본이다. 그 사실을 고객에게 어떻게 전달할 것인가. 홍보를 가장 나중에 생각하는 것이 아니라 홍보를 염두에 두고 재배, 생산, 판매를 하는 것이다.

이곳만의 딸기 재배방법과 장점은 홈페이지에서 홍보한다. 전문용어를 피하고 구체적으로 스카이팜의 딸기가 왜 우수한지 정확하게 설명한다. 농업의 가장 본질적인 부분은 '생산'한다는 것이다. 거기에 도시민이 알지 못하는 '즐거움'과 '보람'이 있다. 이것을 잘 전달하면 자연스럽게 체험객을 유치할 수 있고 이런 활동이 뿌리 내리면 소비자의 신뢰로 이어져 커뮤니티가 만들어질 수 있다. 소비자들을 대상으로 딸기따기 체험을 시작한 것도 딸기를 알리고 싶었기 때문이다.

소비자와 '접점' 만들고 농업 고정관념 탈피해야

스카이팜은 유치원생, 초중학생들을 대상으로 딸기꽃 솎아내기, 모내기 등 농업체험뿐만 아니라 고등학생, 대학생의 인턴 연수도 적극적으로 받아들인다. 2008년부터는 기업동우회에 함께 참여한 지역의 젊은 농가 5명과 '카가와 겡끼넷 시드(香川 げんき net seed)'라는 조직을 만들었다. 5명은 각각 원예, 낙농, 양계, 화훼로 업종은 다르지만 정기적으로 모여 의견을 교환하며 지역농업의 연계방안 등을 모색하고 있다. 이런 활동이 10년이 돼가면서 매년 정례회에는 30여 명이 모인다.

이 모임은 지역의 소비자가 농업의 팬이 될 수 있도록 정기적으로 농업체험, 식육(食育), 화육(花育) 활동을 하고 있다. 모내기, 벼베기, 감자심기, 딸기정식 등 단순한 농업체험뿐만이 아니다. 생산자들이 직접 재배한 농산물을 원료로 한 요리교실을 열어 농산물 재배에 대한 뒷이야기를 하는 '마나비(まなび:배우다) 카페'는 1년에 20회 정도 개최돼 호평을 받고 있다.

이런 활동은 단순한 이벤트가 아니다. 소비자와의 중요한 접점을 찾아가는 장기적인 비전에서 나온 것이다. 아무리 안전한 농산물을 재배해도 소비자가 그 가치를 몰라주면 아무 의미가 없다. 도시의 소비자들이 실제로 손에 흙을 묻혀가며 농업을 몸으로 느껴봐야 그 가치를 알 수 있다.

"고객의 얼굴이 보이는 생산, 생산자의 얼굴이 보이는 구매를 하기 위해서 저는 도매시장을 포기하고 직거래를 하고 있습니다. 그렇게 하다보면 저를 믿어주는 소비자가 생기고 그것이 저와 소비자와의 신뢰관계로 형성되면 제 소신껏 농업을 할 수 있는 바탕이 생긴다고 생각합니다." 즉, 직거래를 통해서 본인만의 유통채널이 생기면 2차, 3차산업에 도전할 수 있는 길이 열린다는 것이다.

카와니시 대표는 2006년에 카가와현 중소기업인 동우회에 가입한 것이 비즈니스로서 농산업의 중요성을 깨달은 기회였다고 생각한다. 그런 이유에서 다른 업종과의 교류가 스카이팜이 성장하는 데 큰 도움이 된다고 본다. 농업은 지역의 기후, 풍토와 밀접하게 관련돼 있어서 오랜 기간에 걸쳐 형성된 정형성(定型性)이 있다. 농업에서는 당연하다고 생각돼온 일이 다른 업종에서 보면 비상식적이고 좀처럼 이해하기 어렵기도 하다.

이때 같은 업종의 전문가가 내는 의견도 필요하지만 전혀 다른 분야에서 활동하는 사람들이 다른 각도에서 바라보고 전해주는 의견이 매우 중요하다. 사업규모가 커질수록 생산, 가공, 판매에 걸쳐 다른 분야 전문가들의 의견을 적극적으로 수렴할 계획이다.

인터뷰 도중에도 고객들이 찾아와 딸기따기 체험에 참여했다. 수확은 아침 8시 전에 시작된다. 매년 10월 하순부터 수확에 들어가 다음 해 6월에 끝나면 그때부터 3~4개월이 농한기다. 이 기간에 수익을 어떻게 올리느냐가 경영의 최대과제다. 딸기 매출이 가장 많은 때는 딸기체험으로 붐비는 3, 4, 5월이다. 졸업여행이나 휴가를 얻어 방문하는 학생, 직장인들도 있고 자녀에게 안전한 농산물을 먹이고 싶어 하는 가족단위 방문객도 많다. 카와니시 대표는 이런 고객들과 함께 신뢰관계를 쌓아서 커뮤니티를 만들어 새로운 고객을 확보하는 것이 딸기체험이 가져오는 가장 큰 수확이라고 말한다.

2016년부터 여름에도 수확할 수 있는 딸기품종을 시험적으로 심고 여름 작목인 미니 토마토를 6~8월에 수확할 수 있도록 재배하고 있다. 최근에는 딸기 화과자, 생딸기를 안에 집어넣은 만쥬 생산에 도전하고 있다. 또, 인근 재배농가에서 포도, 자두, 블루베리, 귤 등을 조달해 1년 내내 과일 화과자를 만들 수 있는 생산체계를 준비하고 있다. 카와니시 히로유끼 대표는 6차산업은 길게 봤을 때 혼자서 다 끌어안고 할 수는 없기 때문에 신뢰할 만한 파트너를 찾아야 하고 결국 네트워크가 중요하다고 말한다.

1. 타업종과의 교류를 통해 끊임없이 시장정보, 경영마인드를 익히고 있다. 해당 분야에만 머물러 있으면 고정관념에서 벗어나지 못하고 외부의 다양한 정보가 유입되지 못해 최근 정보에서 뒤처질 수 있기 때문에 다른 업종과의 교류를 착실하게 추진하고 있다.

2. 가공식품 개발에 앞서 고품질의 딸기를 생산해 착실하게 고정고객을 확보했다. 1차산업의 확실한 기반이 없으면 2차, 3차는 지속하기 어렵다고 판단해 1차산업의 경쟁력을 유지하는 데 힘을 쏟고 있다.

3. 홍보의 중요성을 인식해 '스카이팜' 알리기에 주력하고 있고, 딸기따기 체험을 통해 소비자와의 커뮤니티를 만들기 위해 노력하고 있다.

최고의 귤에서
최고의 가공품 나온다

식품가공형_㈜소우와 과수원(와까야마현)

맛있는 귤을 생산한다는 일념으로 시작해 귤가공식품 개발까지 성공한 과수원이 있다. 귤 전업농 7가구가 모여 40여 년 세월을 이어왔다. 지역농업, 고향에 대한 애착, 그리고 소비자를 감동시키는 귤을 생산하겠다는 포부가 일본을 대표하는 6차산업체를 만들었다. 농촌경영체 가운데 드물게 '프리미엄급' 가공품을 만들어 당당하게 시장에 뛰어들었다.

귤 생산량이 일본 1위인 와까야마현(和歌山県)에서도 '아리타'(有田) 지역은 450년의 귤 재배역사를 갖고 있어서 '아리타 귤'은 지역단체상표로 등록돼 있다. 와까야마 아리타 지역의 귤 재배지는 가파르고 험한 밭이지만 물 빠짐이 좋고 기후가 온화해서 뛰어난 맛을 자랑하는 귤이 생산됐다.

당시, 아리타의 키비고등학교(吉備高校)에는 전국에 한 곳밖에 없는 감귤과(柑橘科)가 있었다. 소우와(早和) 과수원의 아키타케 신고(秋竹新吾)

대표를 비롯해 당시 귤 재배농가의 자녀들은 정해진 코스처럼 감귤과에 진학했다. 학교를 졸업하고 감귤 재배를 이어받는 일은 당연하게 받아들여졌다. 그때만 해도 감귤은 높은 시세에 거래되고 있었다.

귤값 대폭락, 양으로 승부하는 시대는 끝났다

하지만 이들이 감귤재배에 막 뛰어들었을 무렵, 시장 상황은 낙관적이지 않았다. 가격이 불안정했다. 근본적인 문제는 과잉생산이었다. 1968년, 가격이 폭락하자 일본정부는 곧바로 감귤을 다른 작목으로 전환해 감귤 생산량을 줄이는 감반(減反) 정책을 실시했다. 하지만 몇 년 못가 감귤값은 또 유례를 찾기 힘들 정도로 폭락했다.

감귤이 넘쳐나는 상황에서 이제는 양으로 승부해서는 도저히 승산이 없겠다는 판단이 들었다. 79년 당시 34살이었던 아키타케 신고 씨가 중심이 돼 감귤 후계자들이 모였다. 7농가 모두 귤 전업농으로 '소우와 공선'(早和共撰)을 창업했다. 1차적인 취지는 정말 맛있는 귤을 재배해보자는 것이었다. 크기, 무게 등에 따라 공동 선별하는 소규모 공선회였지만 '정말 맛있는 진짜배기 귤'로 승부해보자고 서로 맹세했다.

"당시 연간 귤생산량이 300만 톤을 넘어 해마다 시장에 귤이 넘쳐나던 시기였습니다. 귤 재배농가에게는 대단히 힘든 시기였죠." 소우와 공선은 우선 하우스 밀감재배에 착수했다. 겨울 밀감은 언제나 공급량이 넘쳐나 경쟁이 치열했다. 따라서 여름 시장을 겨냥에 여름에 수확하는 '하우스 귤'이라면 도전해볼 만했다. 하우스 귤은 시기상 백

소우와 과수원의 사시(社是)는 '일본의 맛있는 귤을 만납시다'이다. 7농가의 이런 마음이 하나가 돼 40여 년의 세월을 헤쳐올 수 있었다.

중(中元)상품으로 높은 시세에 거래됐다.

또, 품종을 바꿔 10월 하순부터 나오는 조생종 귤을 재배하기로 했다. '1억 엔 매출을 올려 하와이 놀러가자'라는 슬로건을 내걸고 최고의 품질을 만드는 데 힘을 쏟았다. 91년에는 목표를 달성해, 7농가 부부 14명이 하와이 여행을 다녀오며 큰 성취감을 맛볼 수 있었다. 서로힘을 합하면 못할 일이 없을 것 같았다.

하지만 문제는 생각지 못한 데서 터졌다. 수입산 과일이었다. 망고처럼 새로운 수입산 과일이 들어오면서 소비자들의 눈길을 사로잡았다. 또 연료비가 오르면서 원가가 올라 채산성이 맞지 않게 됐다. 7농가가 모여 대책을 논의했다. 생산한 것을 직접 팔아보자는 의견이 나왔다. 법인화해서 제대로 된 조직을 만들어 체계적으로 마케팅과 원가관리를 해보자는 합의가 이뤄졌다.

마침내, 7농가가 출자해서 2000년 11월, 유한회사 소우와 과수원(나중에 주식회사가 됨)을 설립했다. "부모님들이 해왔던 농업과는 다른 방식으로 농업을 해보고 싶다는 것이 당시 분위기였습니다. 미래의 꿈을 그릴 수 있는 농업을 해보고 싶었습니다. 지금 생각해보면 그것이 우리 모임의 귤 농업이 바뀌는 터닝 포인트였습니다." 아키타케 대표는 당시를 회상한다. 선과장(選果場)도 증설하고 맛도 균일하게 유지할 수 있도록 광(光)센서 기계를 들여왔다. 중앙정부, 현, 시에서 보조사업지원을 받고, 나머지는 농업근대화자금에서 융자를 받아 다시 출발했다.

'만드는' 귤, 재배혁신으로 승부

소우와 과수원의 사시(社是, 운영의 주된 방침)는 '일본의 맛있는 귤을 만납시다'이다. 아리타 귤은 일본 제1의 생산지이고 재배기술도 뛰어났지만 브랜드 파워가 강하지 않아서 소비자들에게 뚜렷하게 인식되지 못하고 있었다. 당도가 높은 고품질 귤로 확실하게 차별화하는 것 외에는 다른 방법이 없다고 판단했다.

고품질 귤을 안정적으로 생산하기 위해 소우와 과수원이 눈을 돌린 것은 '마루도리'(マルドリ)라는 새로운 재배방법이었다. '마루도리'는 긴키츄고쿠시코쿠(近畿中國四國) 농업연구센터가 개발한 것으로 과수원 지면에 시트를 깔고 그 밑에 튜브를 설치해 액비와 물을 점적관수(點滴灌水)하는 재배기법이다. 노동력을 절감할 수 있고 물과 양분을 계획적으로 공급할 수 있기 때문에 당도가 높은 귤을 안정적으로 생산할 수 있는 효과가 있었다.

"과수원이 있는 중산간지에는 수원(水源)이 부족하고 설비투자도 어려웠기 때문에 농가에는 이 재배법이 널리 보급되지 않았습니다. 저희도 이 재배법을 도입하기까지는 많이 고민했습니다. 결국 기후의 영향을 최소화하려면 이 방법 말고는 없다고 판단해 도입하기로 결정했습니다." 아키타케 대표는 자연에서 생기는 귤이 아니라 기후의 영향을 최소화해서 '만드는' 귤을 안정적으로 생산하는 것이 훗날 큰 경쟁력이 되리라 판단했다.

새로운 도전은 성과를 냈다. 야심차게 도입한 '마루도리'(マルドリ) 방식을 통해 당도 높은 귤을 생산할 수 있었다. 와까야마현의 지원을 받아 도쿄 츠키지(築地) 시장과 도쿄의 고급 청과물 전문수퍼인 신주꾸타카노(新宿高野)에 자사 브랜드인 '마루도리 귤'로 납품할 수 있었다.

이때까지만 해도 맛있는 귤을 재배해서 비싼 값에 출하하면 잘하는 것이라고 생각했다. 스스로 가공해서 판매하는 일은 전혀 머릿속에 없었다. 하지만 시간이 흐르면서 귤을 원물로 팔기만 해서는 장기적으로 살아남을 수 없다고 판단했다. 원물가공이 필요하다는 생각은 했지만 선뜻 뛰어들지는 못했다. 그래서 우선, 매실을 가공판매하며 자연스럽게 귤을 가공하는 방안을 찾게 됐다. 귤맛이 뛰어나다면 귤 가공품도 시장에서 충분히 통할 수 있을 것이라고 생각했다.

소우와 과수원에서 귤 가공사업에 뛰어들기를 주저한 데는 나름의 이유가 있었다. 소우와 과수원에서도 귤을 짜서 판매한 적이 있었다. 가공업체에게 원료로 공급했지만 돈이 되지 않았다. 어느 해에는 상당한 양을 공급해서 수익을 내기도 했지만 가공업체 사정으로 1년 만에 끝나버렸다. 어디까지나 가공업체의 주문에 따르는 것이기 때문에 독자적으로 계획을 세워서 할 수 있는 일이 아니었다.

귤 껍질 벗기고 착즙, 100% 귤주스로 승부수

이런저런 상황을 다 따져보니 답은 하나였다. 내 브랜드로 직접 가공해서 판매하는 방법이었다. 마침내, 2003년 귤 가공사업에 착수했다. 본격적인 6차산업이 시작된 것이다. 첫 상품은 귤주스였다.

당시에는 맛있는 귤은 원물로 판매하고 흠이 나거나 당도가 떨어지는 귤을 주스로 가공하면 될 것 같았다. 하지만 현실은 달랐다. "저희는 귤 재배법은 알고 있지만 가공품 만드는 법은 전혀 몰랐습니다. 정보를 얻으려고 와까야마현의 가공연구소 등을 찾아갔지만 거기서 들은 얘기는 수입품을 포함한 오렌지 주스 시장의 현실, 진출에 따른 어려움이었습니다. 그때는 정말 모두가 실망했죠. 어지간한 수준으로 귤주스를 만들어서는 시장에서 통하지 않는다는 것을 그때 알았습니다." 그렇다면 규격 외 귤을 사용할 것이 아니라 기존 제품과 완전히 차별화된 주스를 만들어야 한다는 생각이 들었다고 아키타케 대표는 말한다.

소우와 과수원은 귤껍질을 벗기고 즙을 짜서 주스를 만들기 때문에 '100% 귤주스'라는 점을 제품 경쟁력으로 내세우고 있다.

맛있는 귤이 아니면 만들 수 없는 주스를 만들어보자는 데 구성원들의 의견이 모였다. 주스의 당도는 10브릭스 전후로 나오는 게 일반적이지만 12브릭스 이상의 맛이 나는 귤을 원료로 해서 '아지이치(味一) 시보리'를 만들었다. 광센서를 활용해 당도 12도 이상의 귤을 엄선했다.

귤을 껍질까지 통째로 착즙하는 게 보통인데 소우와 과수원에서는 귤껍질을 벗기고 즙을 짜기 때문에 '100% 귤주스'라고 자랑할 수 있었다. 귤껍질에 함유된 기름성분이 주스에 들어가지 않아 신선도까지 장기간 유지할 수 있었다. 1병(720mL)에 30개의 고급 귤이 들어가 달면서 진하고 걸쭉한 맛이 나왔다.

주스가 개발된 시점이 도쿄에 와까야마현의 안테나숍이 문을 연 시기와 겹친 것도 행운이었다. 와까야마현이 도쿄에 와까야마현 농산품을 판매하는 안테나숍을 열어 '아지이치 시보리'는 순조롭게 도쿄시장에 진출할 수 있었다.

소비자 직접 만나라! 연간 소비자 65만 명 시음회

매출이 기대만큼 곧바로 오르지 않았다. 아무래도 100% 귤을 사용하기 때문에 가격이 비싸 판매대에 진열하는 것만으로는 좀처럼 팔려나가지 않았다. 종업원들은 마셔보지 않으면 상품의 장점이 무엇인지, 가격이 왜 비싼지 알 수 없다고 지적했다. 소비자를 기다릴 것이 아니라 직접 찾아 나서기로 했다. 소비자가 마셔보지 않으면 안 된다고 판단해 매주 시음판매회를 열었다.

그렇게 해보니 팔리는 곳과 팔리지 않는 곳의 차이를 알게 되고 소비자들의 세밀한 반응까지 확인할 수 있었다. 1년 동안 소비자 65만 명과 직접 대면해서 소우와 과수원에서 생산한 주스를 맛보게 하고 장점을 홍보했다. 이를 계기로, 해마다 7~8차례 상담회(商談會)에 적극적으로 참여하며 귤 가공품을 취급하는 전국 각지의 관계자들에게서 다양한 평가를 들었다.

소우와 과수원의 재배면적은 7헥타르. 7,000여 그루의 귤나무가 있다. 고령수(高齡樹)는 교체하기 때문에 수령이 10년 안팎인 나무가 대부분이다. 해마다 150톤 정도의 귤을 생산하고 부근 농가에서 연간 400톤에서 500톤을 조달한다. 주변농가에서 구입할 때는 도매시장에 출하하는 가격보다 높은 가격으로 수매해서 농가들의 안정적인 귤 재배를 유도하고 있다. 계약재배가 자리를 잡으면서 전에는 대기업에 착즙원료로 제공하던 농가들이 소우와 과수원에 전량 공급하고 있다. 2015년 11월부터는 자체적으로 착즙한다.

주식회사 소우와 과수원의 매출은 2013년 6억 2천만 엔, 2016년에는 7억 8천만 엔으로 증가했다. 이 가운데 80%는 귤 가공품에서 나온 것이다. 2014년에는 농림수산성의 6차산업화 우량 사례 표창에서 최고봉인 농림수산대신상을 받았다. 2016년에는 제2회 디스커버 농산어촌의 보물에 선정됐다.

소우와 과수원에서 제조·판매하는 귤 가공제품은 주스, 잼, 젤리, 조미료, 케첩 등 27개 종류다. 귤 케첩 개발에 관련된 에피소드가 있다. 아키타게 신고 사장은 가공품을 연구하다가 스페인에 있는 딸이 일본에 오면 자주 해주던 '파에야'가 생각났다. 딸이 만들어주던 파에야가 맛있어서 귤로 이 맛을 표현할 수는 없을까 궁리하다가 귤 케첩을 만들게 됐다고 한다.

귤재배 1차산업 소중히 지켜가는 것이 과제

귤, 주스를 사려는 고객들이 교토, 오사까, 고베 등지에서 소우와 과수원까지 방문한다. 과수원에서는 고객들과의 관계를 돈독히 하기 위해 해마다 귤축제를 열어 수확, 선과체험 등의 행사를 진행하고 있다. 현재, 상근 직원은 26명이다. 사업규모가 커지자 생산, 가공, 영업, 총무의 4 부문으로 나누어 각 부문의 책임자로 4명의 후계자를 정했다. 사업초기 7농가가 꿈꾸던 농업에 대한 포부를 4명의 후계자가 그대로 이어받고 있다.

지금 이 자리까지 이르는 데 성공요인은 무엇인지 물었다. "일본 제1의 아리타(有田) 귤 산지라는 배경이 있었고 50여 년 동안 귤 재배에만 매달려와서 새로운 분야에 대한 도전정신이 강했다는 것, 그리고 동료 간의 단합이 잘 됐다는 것입니다." 흠잡을 게 없을 것 같은 소우와 과수원에도 나름의 고민이 있었다. 귤을 재배하는 농민이 갈수록 감소해 원료확보가 쉽지 않다는 점이다. 6차산업을 통해서 1차산업과 함께 귤 산업을 활성화하는 것이 과제라고 답했다. 아키타케 신고 씨는 2016년 9월 대표이사 사장에서 물러나 지금은 대표이사 회장을 맡고 있다.

아키타케 신고 대표에게 이번에는 지금까지 가장 큰 위기는 무엇이냐고 물었지만 특별히 위기라고 느낄 만한 것은 없었다는 답변이 돌아왔다. 동료들과 긍정적으로 일할 수 있어서 좋았고 문제가 있을 때마다 주위 사람들의 협조를 받아서 극복했다는 평범한 내용이었다. 필자는 소우와 과수원의 경영이념에서 그 답을 짐작해보기로 했다.

경영이념 네 가지 가운데 가장 눈길을 끄는 것은 첫 번째와 네 번째였다. 첫째, 풍요로운 자연과 인간의 노력으로 일궈온 일본의 농업을 계승, 발전시키고 농업을 핵심으로 한 비즈니스를 전개한다. 넷째, 우리의 고향인 와까야마에 자부심을 갖고 풍요로운 미래를 위해 기업활동을 통해 적극적으로 공헌한다. 지역사회 공동체와 농업에 대한 애착과 소명의식이야말로 소우와 과수원이 어려움을 헤치고 성공하게 된 바탕이 아닐까 생각해본다.

성장 포인트

1. 기상여건의 영향을 덜 받고 당도가 높은 귤을 안정적으로 생산하기 위해 '마루도리'라는 새로운 재배기법을 도입했다.

2. 최고의 맛을 내는 주스를 생산하기 위해서 광센서로 당도 12도 이상의 귤을 엄선하고 귤껍질을 벗기고 즙을 짜는 방식으로 착즙해 기존 제품과 뚜렷한 차별화를 시도했다.

3. 소비자들에게 직접 주스를 마시게 한 다음 판매하는 시음회를 도입해 소비자들의 반응을 눈앞에서 살펴가며 시장을 정면으로 돌파했다.

5장.
6차산업의
4대 과제

농업 6차산업의 창시자, 일본 도쿄대학의 이마무라 나라오미(今村 奈良臣) 명예교수는 6차산업이 성공하기 위한 과제로 5가지를 제시하고 있다.[14]

첫째, 소비자에게 사랑받는 제품을 공급해서 판로를 늘려가고 소득, 고용의 장을 확보해서 농어촌의 활력을 회복하는 것. 둘째, 농축산물을 가공 판매할 때, 안전, 안심, 건강, 신선, 개성 등을 키워드로 해서 소비자에게 신뢰받는 식료품 등을 공급하는 것. 셋째, 생산성을 높이고 비용절감을 추진해 치열한 경쟁 속에서 수익을 확보하는 것. 넷째, 새로운 비즈니스에서 끝나지 않고 농촌환경의 유지, 보전, 창조, 특히 녹색자원·수자원에 대한 배려, 아름다운 농촌경관 창조 등을 위해 노력해 도시주민의 농촌 방문, 새로운 시대의 그린 투어리즘(green tourism)의 길을 개척하는 것. 다섯째, 농업과 농촌이 가진 교육력에 착안해서 조상들이 키워왔던 지혜 즉, '마을의 생명력'을 도시에 불어넣어서 도농교류의 새로운 모습을 창조해 가는 것이다.

이마무라 교수가 역설한 과제의 핵심은 상품성, 안정성, 수익성, 농촌경관 유지, 도농교류로 요약할 수 있다. 그 바탕은 1차, 농산물 생산이다. 1차의 기반 없이 농산물 가공, 판매, 도농교류는 장기적으로 지속하기 어렵다. 농산물 가공에서 안정적으로 수익을 내려면 가공을 뒷받침할 생산기반, 즉 원료 조달체계를 착실하게 다져야 한다. 전체 6차산업의 위험요인을 분산시킬 사업 포트폴리오 측면에서도 1차산업은 든든한 버팀목 역할을 해줄 수 있다.

---

14   日本水土総合研究所、ARDEC 47 ： 農業の6次産業化の理論と実践の課題, 今村 奈良臣, 東京大學名譽教授(2012.12.)

1차산업
기반구축

농민이 만든 가공식품이 시장에서 인정받아서 안정된 매출을 올리기까지는 일정한 시간이 필요하다. 일본정책금융공고(公庫)가 2011년에 발표한 조사에서 농민이 6차산업에 참여한 기간은 평균 13.5년, 흑자가 될 때까지 평균 4.1년(최단 0년, 최장 25년)이 걸린 것으로 나타났다.[15] 신생 영농조합법인의 생산, 가공을 체계화하고 시장에서 그 제품이 소비자들에게 인식되려면 그 정도 걸린다는 것이다.

그때까지 버티고 또 가공식품의 매출이 일시적으로 떨어지는 상황에서도 6차산업체를 끌어가려면 1차 농산물이 경쟁력을 갖춰야 한다. 즉, 1차 농산물의 원물판매가 '내수'(內需) 시장이라면 가공식품은 '수출'(輸出)이라고 표현할 수 있다. 탄탄한 내수시장 없이 수출에만 의존하는 구조는 대내외적 시장변화에 취약할 수밖에 없다.

1차 농산물의 경쟁력이 떨어지는 것을 2차, 3차산업으로 보완하는 것이 6차산업이라고 이해하는 경향이 있다. 이런 정의가 1차산업을

---

15   日本政策金融公庫 보도자료(2011.12.02.)

소홀히 해도 되거나 1차산업의 생산성, 품질이 떨어지는 것을 문제의식 없이 받아들여도 된다는 뜻은 아니다. 또, 농산물을 가공해서 2차산업에만 뛰어들면 6차산업이 완성되는 것으로 생각하기 쉽지만 이는 비즈니스의 본질과는 거리가 있다.

6차산업은 1차산업 위주의 농업을 다각화하되 1차, 2차, 3차를 여건에 따라 탄력적, 전략적으로 연계하는 것이다. 1차산업의 중심이 흔들리면 사업의 다각화는 지속되기 어렵다. 1차산업만으로도 경영을 지속할 최소한의 틀을 만드는 것이 6차산업의 바탕이 돼야 한다.

예. 스카이팜(www.skyfarm.jp)

일본 카가와현의 6차산업체인 스카이팜은 2차, 3차산업을 병행하면서도 농산물 직거래에 가장 큰 비중을 둔다. 딸기 비닐하우스 옆에 직매소를 운영하며 매일 고객들을 만나고 있다. 딸기의 고정고객이 생길 정도로 1차 생산품이 우수하지 않으면 2차 가공식품 판매는 기대하기 어렵다고 보았기 때문이다. 딸기 가공품도 딸기 원물의 우수성을 알릴 수 있도록 가급적 가공도가 낮은 제품을 만들고 있다.

예. 소우와 과수원(www.sowakajuen.com)

소우와 과수원은 귤주스를 가공 판매하는 회사이지만 그 이전에 탄탄한 생산기반으로 정평이 나 있다. 과수원 지면에 튜브를 설치해 액비와 물을 점적관수함으로써 날씨 영향을 최소화하는 '마루도리'라는 재배기법으로 귤을 생산한다. 계획적으로 물, 양분을 공급해 높은 당도의 귤을 안정적으로 재배할 생산체계를 구축해놓은 것이 귤주스 가공사업이 성과를 내는 기반이 됐다.

1차산업이 6차산업의 바탕이 된다는 것은 2차산업인 가공의 원료를 안정적으로 조달하기 위한 기반이 있어야 한다는 의미도 된다. 안정적인 원료공급망을 확보하지 못하면 2차, 3차산업으로 뻗어나가기 어렵다. 그 지역에 뿌리를 내리고 있는 생산체계를 배경으로 6차산업을 추진해야 하는 이유이기도 하다.

여기서 소개하는 한국과 일본의 주요 6차산업체는 모두 안정적인 생산기반, 원료공급 체계에서 출발했다. 6차산업의 향후 과제에 대해서도 고령화로 재배농가가 감소해 생산기반이 흔들리는 것을 예방하는 차원이라며 1차 생산기반의 중요성을 강조한다. 가공품이 잘 팔린다고 해서 1차 생산을 소홀히 하는 것은 결국 6차사업체로서 설 자리를 좁게 만드는 결과로 이어진다.

상품성
: 제안력

6차산업 하면 대표적으로 떠오르는 사업형태가 '농산물 가공'이다. 농
산물 가공을 빼놓고는 6차산업을 말하기 어려울 정도로 다수를 차지하
고 있다. 한국농촌경제연구원이 지난 2015년 6차산업화 인증업체 205
곳의 사업내용을 조사한 결과, 농산물 가공이 51.7%로 가장 많았고 교
육체험 관광이 18%, 농산물 생산이 14.1%, 온라인 판매가 7.3%였다.

(표5-1) 6차산업 형태

(단위 : %)

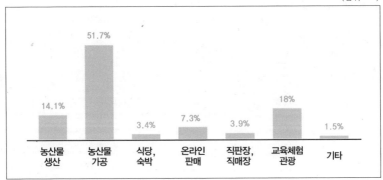

자료 : 6차산업화 인증업체 전문인력 실태조사, 한국농촌경제연구원(2015.12.)

장류, 주류, 한과, 고춧가루, 절임류 등 전통식품은 가내수공업 형태로 6차산업법이 제정되기 훨씬 전부터 생산돼왔다. 전국적으로 정부가 조성한 각종 체험마을과 테마마을도 거의 비슷한 농산물 가공사업을 추진하고 있다. 원료를 주변에서 어렵지 않게 확보할 수 있고 가공방법도 오랜 기간을 거쳐 농촌에 전해 내려온 것이어서 6차산업의 농산물 가공은 전통식품에 편중돼 있다.

그러나 만들어 놓으면 팔리던 시대는 오래전에 지나갔다. 농업생산성이 향상돼 농산물이 넘쳐나는 시대가 됐다. 전통식품은 쏟아져 나오지만 가공방식이 기존의 틀에서 벗어나지 못하면 소비자들에게 선택받기 힘들다.

근본적으로 가공품목으로서 전통식품의 전망이 밝다고 보기는 어렵다. 첫째, 시장의 성장 가능성이 적기 때문이다. 대표적으로, 고추장의 국내 소매시장 규모는 2016년 1,935억 원으로 2년 전보다 8.9% 감소했다. 또, 2012년 2,205억 원에서 꾸준히 하향곡선을 그리고 있다.

(표5-2) 고추장 국내소매시장 규모

(단위 : 억 원)

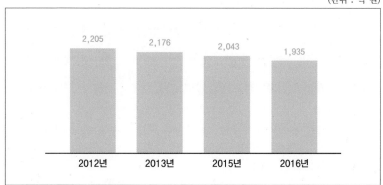

자료 : 2017 가공식품 마켓리포트

서구식 식습관으로 전통장을 활용한 음식 수요는 계속 감소하고 있다. 근본적으로 장류와 함께 먹는 쌀 소비량이 감소하고 저염식이 각광받으면서 장류소비가 더 늘어나기를 기대하기는 어렵다. 새로운 응용상품으로 시장수요를 창출하거나 수출시장을 개척하지 않으면 장기적으로 수익성을 유지하기는 어렵다.

둘째, 뚜렷하게 차별화하는 제품 경쟁력을 갖추지 못하면 가격에 의존할 수밖에 없는 구조다. 기존 업체들이 국산보다 저렴한 수입산을 식품가공의 원료로 사용하기 때문에 저가경쟁이 펼쳐질 수밖에 없다. 2014년을 기준으로 국내 식품제조업체가 제품생산에 사용한 농축수산물 원료 가운데 국산원료의 비중은 31.3%밖에 되지 않는다.[16] 결국 70%에 가까운 농식품은 수입산을 원료로 하므로 국산농산물을 원료로 하는 우리 6차산업체가 가격경쟁력을 확보하기는 대단히 어렵다.

셋째, 한과류와 떡류는 매출이 계절에 편중돼 있다는 한계가 있다. 연중 판매가 어려워 공장가동률이 떨어지게 된다. 수익구조, 고용구조가 불안정해서 영세성을 극복하기 어렵다. 이런 구조에서는 부가가치를 높일 연구, 개발이 이뤄지지 않아서 장기적으로 제품 차별화, 브랜드화도 기대할 수 없다.

농림부의 조사에서 농식품가공업체의 연간 가동일수는 169.5일로 46.4%(365일 기준) 수준이며 연간매출액이 3,500만 원 미만인 가공업체의 가동일수는 124.9일(34.2%)로 나타났다.[17]

16   농림부 보도자료. 식품산업 원료소비 실태조사 결과(2016.05.24.)
17   6차산업 창업현황 분석 및 지원방안 연구, 농림축산식품부(2016.12.)

(표5-3) 농식품가공 경영체의 가동일수

(단위 : 일/년)

인증기준	자가	공동	임대	기타	평균
충족	221.4	212.7	252.1	170.4	214.1
미충족	119.7	120.7	115.6	143.6	124.9
평균	170.6	166.7	183.9	157.0	169.5

자료 : 6차산업 창업현황 분석 및 지원방안 연구, 농림부(2016.12.)

　그렇다면 6차산업의 첫걸음이라고 할 수 있는 상품개발은 어떻게 준비해야 하는가.

　6차산업의 핵심은 지역의 소재를 활용한 새로운 가치 창조다. 6차산업을 팔고 남은 농산물을 가공해서 판매하는 수단 정도로 생각해서는 안 된다. 지역의 자원을 활용해 기존 가공업체가 흉내 낼 수 없는 부가가치를 창출해야 한다. 생산자만이 느낄 수 있는 현장의 감각을 살려 농업 · 농촌에서 시작되는 비즈니스를 만들어내는 것이 6차산업이다.[18]

　구체적으로, 유통업체의 구매담당자가 '이 회사의 제품은 타사 제품과 무엇이 다릅니까? 타사 제품보다 뛰어난 점은 무엇입니까?'라고 질문했을 때 쉽고 분명하게 대답할 포인트가 있어야 된다. 일본의 코소(コーソー) 경영연구소 고큐 히로시(後久 博) 소장은 여섯 가지 키워드로 상품개발의 핵심을 설명한다. 즉, 안(安), 신(新), 차(差), 가(價), 지

---

[18] 　三菱종합연구소 사회공공매니지먼트 연구본부 주임연구원 伊藤保 : 農業の6次産業化による地域づくり

(地), 자(姿)로 요약할 수 있다.[19]

(표5-4) 농산물 생산의 차별화

	내용
농법지향	전통생산방식, 유기재배, 완숙(完熟) 재배, 오리농법 등
사육지향	사육밀도, 방목사육, 사료 급이
종자지향	국산밀, 재래종
안전지향	친환경농산물 인증, 복지농장, 이력추적제, GAP인증
소비자지향	공공기관 평가 우수농산물, 소비자단체 평가우수농산물

(표5-5) 농산물 가공의 차별화

	내용
안전지향	복지농장, 이력추적제, GAP
원산지지향	고창 복분자酒
장인(匠人)지향	무형문화재, 지자체 지정 음식명인, 대학·연구소 기술제휴
건강지향	저염식, 천일염, 항암, 항산화, 非글루텐, 숙성기간
전통지향	전통제법, 전통용기
수제(手製)지향	수제 햄버거, 수타면

---

19   6次産業化ハンドブック，後久　博(2013)

첫째, 안전(安)에 대한 시장의 요구는 계속 엄격해지고 있다. 공공기관에서 받은 환경인증(HACCP, GAP, 친환경인증, ISO, 이력추적제)을 제시할 수 있어야 한다. 농산물 잔류농약검사 주기를 단축하고 그 결과를 소비자들에게 상시 공개해서 농산물의 안전성을 확실하게 입증해야 한다.

둘째, 새로움(新)은 새로운 소재, 기술, 생산방식, 판로, 판매방법, 먹는 방법 등을 포함해 새로운 장르, 카테고리의 상품·서비스를 창조하는 것이다. 과일이라면 당도를 높일 수 있는 새로운 재배법을 도입했거나 첨단 영농을 통해 과학적으로 농산물을 재배했다는 것이 소비자들에게 상품의 차별성을 어필하는 데 도움이 된다.

셋째, 차이(差)는 기존 상품, 서비스와의 차이를 명확히 하는 것이다. 단순히 수준의 차이가 아니라 소비자가 상품 간의 우열을 구별할 수 있을 정도여야 한다. 예를 들어 식품의 기능성을 설명할 때 의학적 근거, 인증, 정부의 표창, 각종 대회의 수상경력 등은 기존 상품과의 차이를 뚜렷하게 드러낼 수 있다. 또한 지역에 전해 내려오는 재래종 품종을 사용했거나 고랭지에서 재배했다는 것도 독자적인 부가가치를 형성하는 상품성이 될 수 있다.

넷째, 가치(價)는 고객가치를 창조하는 것이다. 가치가 고객에게 인정돼야 구매로 이어진다. 소비자가 인정하는 기능적(機能的) 가치, 정서적(情緒的) 가치, 자기표현적(自己表現的) 가치가 구매행위로 연결된다.

다섯째, 지(地)는 지역과의 연계를 뜻한다. 6차산업에서 '지역'은 큰 의미가 있다. 농산물, 가공품, 관광자원과 '지역'과의 역사적, 문화적 관계가 밀접할수록 소비자들에게 '지역 브랜드'로서 받아들여지기 쉽다.

여섯째, 외관(姿: design)이다. 지역의 지리적·환경적 특성, 생산자가 중시하는 것, 먹는 방법 등 소비자의 니즈(needs)에 어필할 수 있는 컨셉을 잘 다듬어서 디자인화하는 것이 효과적이다.

이와 같은 여섯 가지 키워드(安, 新, 差, 價, 地, 姿)를 중심으로 한 상품 개발을 통해 제품의 특성, 기능, 가격 등에서 일정한 상품성을 인정받으면 그것이 경쟁력이 된다. 유통업체와 제품을 놓고 협상할 때 그만큼 생산자의 제안력(提案力)이 커진다.

예. 건강지향 : 코우카 모치공방(www.koka-mochi.jp)

지난 2006년에 설립된 일본의 농업법인 코우카 모치공방은 밀가루 알레르기가 있는 소비자를 겨냥해 찹쌀가루를 원료로 한 파스타, 롤케이크, 쌀면 카레를 개발했다. 또, 글루텐 대신 감자전분을 첨가했다. 비글루텐 식품이라는 점으로 차별화하여 공략하는 소비자층을 분명히 하고 있다.

예. 건강지향 : 에버그린에버블루협동조합(www.natureoil.co.kr)

경기도 양평군의 에버그린 에버블루협동조합은 저온에서 들깨기름을 착유해서 시장에 진출하고 있다. 일반적으로 들깨는 고온에서 볶아서 착유한다. 하지만 고온에서 들깨를 볶으면 발암물질 '벤조피렌'이 나온다. 에버그린에버블루협동조합은 저온에서 착유하면 벤조피렌이 나오지 않는다는 점에 착안해 건강에 민감한 소비자들의 마음을 파고들고 있다.

예. 종자지향 + 전통지향: 마메야(www.ma.mctv.ne.jp/~mameya)

일본 미에현의 농가식당 '마메야'는 지역의 토종콩을 재배해서 두부를 만들고 두부의 비지를 다시 밭에 퇴비로 활용해서 '콩이 키운 농산물'이라는 점을 소비자들에게 홍보하고 있다. 원료, 생산의 차별화뿐만 아니라 이를 소비자들의 눈에 띄도록 설계해서 차별성을 부각하는 것이다.

전통식품산업이 6차산업 인증사업자 가운데 가장 많은 비중을 차지하지만 새로운 가치창조 측면에서 눈에 띄는 성과가 적은 것은 후발주자들이 기존 부가가치의 틀에서 벗어나지 못하기 때문이다. 근거도 분명하지 않은 '원조'(元祖) 타령을 하기보다는 구체적인 근거를 가지고 가공제품의 차별성을 개발해야 한다. 새로운 가치를 창출해서 고객과의 접점을 계속 넓혀가는 것은 6차산업체 앞에 놓여있는 과제다.

연중판매
: 집객력

6차산업체뿐만 아니라 마을기업, 협동조합, 사회적기업 등이 운영 과정에서 해결해야 할 주요 과제 가운데 하나는 수익성을 꾸준하게 유지하는 것이다. 많은 6차산업체가 안고 있는 문제가 상품의 계절편중 즉, 단편성이다. 성수기, 수확기에 '반짝'하는 수준으로는 안정적인 매출은 기대하기 어렵다. 고용도 계속 유지할 수 없게 돼 숙련된 인력을 확보하기 어려워 경영이 안정되지 않는다.

상품에 경쟁력이 있어도 계절 요인 등에 따른 매출의 등락 폭을 최소화하려면 소비자들에게 지속적으로 그 존재를 각인시켜야 한다. 공장을 연중 가동하여 매출을 고르게 유지한다면 일단 안정적인 수익구조를 갖췄다고 볼 수 있다. 여기에 필요한 것이 집객력(集客力)이다.

상품측면의 집객

상품측면의 집객력은 고객을 유인할 상품의 다양성, 계절편중을 극복할 상품의 확장성으로 설명할 수 있다. 대표적으로, 농산물 직매장의 생명은 다양한 품목을 갖추는 것이다. 소비자가 언제 방문하더라도 원하는 농산물을 제공할 수 있는 농산물 직매장만이 살아남는다.

제철 과일이나 특정 농산물이 하루나 이틀 사이에 떨어지면 시장 경쟁력을 잃는다. 농산물의 파종시기를 조절해서 출하시기가 짧은 기간에 몰리지 않도록 해야 한다. 부족한 품목은 다른 생산자조직이나 직매장과 연계해서 어떻게든 갖춰 놓아야 한다.

또 요일별, 월별 분석을 통해 매출이 떨어지는 요일, 시기에는 할인 행사, 판촉행사 등 이벤트를 실시하는 방법으로 꾸준히 고객들의 방문을 유도해야 한다. 매출이 평균을 밑도는 날에는 미끼상품을 넣어서 고객이 직매장을 방문할 이유를 제공해야 한다.

예. 농사조합법인 우리보우(www.net-uribou.jp)

농사조합법인 우리보우는 2004년에 농산물 직매소를 개설했다. 2012년부터 포인트카드 '우리짱'을 발급해서 요일별 할인 행사를 열고 있다. 200엔어치를 구입할 때마다 1포인트를 적립해 200포인트가 쌓이면 500엔짜리 상품권을 준다. 매주 월요일에는 '쌀의 날', 금요일에는 '젤라토의 날', 12일은 '두부의 날' 등을 운영해서 해당 품목을 구입하면 포인트를 2배로 적립하는 혜택을 제공한다. 5,900명의 고객이 '우리짱' 카드를 사용하고 있다. 월요일에 매출이 떨어지는 것을 만회하기 위해 포인트 카드를 도입한 것이 시초였다.

특히, 계절편중이 심한 가공상품일수록 비수기 때 매출을 올릴 제품을 개발해야 한다. 대표적인 계절상품인 한과, 장류 등 전통식품 업체들도 연중 판매를 위해 새로운 제품을 내놓아야 한다. 본 소재를 활용한 응용상품을 개발하는 것이다.

당장 신제품 개발이 어렵다면 체험 프로그램을 운영하는 것도 돌파구가 될 수 있다. 한과, 장류를 만드는 체험뿐만 아니라 그 지역 주변의 농산물 수확체험을 연계함으로써 집객요인을 키우는 것이다. 소비자들이 계속 6차산업체를 방문하도록 소비자와의 접점을 만들어 가는 것이 집객력이다.

6차산업이 안정적으로 운영되려면 1차, 2차, 3차의 매출비율이 어느 한쪽에 쏠리면 안 된다. 농산물 가공제품, 또는 체험 프로그램이 아무리 뛰어나도 전체적으로 1차, 2차, 3차의 안정적인 구조를 갖춰야 한다. 야외 체험 프로그램은 메르스, 미세먼지, AI와 같은 외부적인 환경의 영향을 받을 수밖에 없다. 농산물 생산은 기상상황, 농산물 가공은 소비 트렌드의 변화와 같은 대내외적인 영향을 받을 수 있기 때문에 위험을 분산할 최소한의 포트폴리오가 필요하다.

비상품 측면의 집객

6차산업체가 소비자 또는 잠재 고객과 끊임없는 교류를 통해 그 존재를 꾸준히 어필하는 방식이다. 이는 국내 6차산업체가 가장 취약한 부분이다. 일본 미에현의 농사조합법인 우리보우는 농산물 직매장을 운영하며 2005년부터 달마다 자체적으로 신문을 2,000부 발행하고 있다. 자사의 농산물 직매소에서 운영하는 각종 체험 프로그램은 물론 농산물의 재배방법, 요리법, 판촉행사, 영농소식 등을 소개한다.

또 농산물 직매장 옆에 '가족농원'을 조성해 소비자들이 직접 농산물을 재배하며 농업을 이해할 기회를 만들어주고 있다. 땅만 제공하는 것이 아니라 종자, 농자재를 모두 지원하고 직접 농사를 지도하기 때문에 농지를 연결고리로 해서 도시민들과 관계를 맺고 이들을 잠재고객으로 끌어들이는 것이다.

6차산업체가 소비자와의 유대를 이어가는 데는 농업, 농촌이 지닌 교육적 기능을 활용하는 것이 적절하다. 농산물 직매장에서 팔고 남는 농산물을 옆에 있는 농가 레스토랑으로 넘겨 식재료로 사용하고 교육장에서는 도시 주부들에게 농가 레스토랑에서 선보인 음식 조리법을 가르치고 어린이들을 대상으로 식육(食育), 농사체험 등을 하도록 연계하는 것이 대표적이다. 주부 요리강습이나 식육교육은 1년 내내 할 수 있고 참가자들은 자연스럽게 농산물 직매소와 농가 레스토랑의 고객으로 연결된다.

단순히 6차산업이기 때문에 체험상품을 개발해야 한다는 당위성으로 받아들여선 안 된다. 매출과 고객의 재방문율을 높이기 위해 자원 활용을 극대화(one source, multi use)한다는 관점에서 접근해야 한다. '남는 농산물을 어떻게 활용할지' '요리에 관심을 가진 주부들을 어떻게 농가 식당으로 유치할지'를 고민할 때, 농업·농촌의 교육, 체험, 정서적 기능은 그 지렛대가 될 수 있다.

여기서 중요한 것은 교육, 체험 프로그램을 곁가지 수준의 형식적인 내용으로 채워서는 효과를 기대하기 어렵다는 점이다. 교육, 체험 프로그램을 주 종목으로 육성하겠다는 정도의 목표를 세우고 집중했을 때, 비로소 소비자들에게 그 존재를 인정받을 수 있다.

전국적으로 주민자치센터나 평생학습센터, 농산어촌 체험마을 등에서 각종 교육, 체험 프로그램을 진행한다. 구별하기 어려울 만큼 비슷한 프로그램이 보급돼 있다. 서울의 주민자치센터에서도 얼마든지 할 수 있는 프로그램을 6차산업체가 그대로 따라 하면 차별화하기

어렵다. '우리 농산물 직매소만의 교육, 체험 프로그램을 개발하겠다'
는 각오 없이는 형식에 그치기 쉽다.

예. ㈜농업공원 시기산 노도카무라(www.sigisan-nodokamura.com)
이 농업공원은 각종 농산물 수확체험 외에도 가마솥에 밥을 지어 먹는 프로그램을
운영해 인기를 얻고 있다. 방목해서 키운 닭의 우리에 들어가 계란을 꺼내서 가마솥
에 밥을 지어 비벼 먹는 체험이다. 돌가마에 피자를 구워 먹는 체험도 대표 프로그
램이다. 이런 프로그램은 일정한 시설(닭, 우리, 돌가마)과 공간, 시간이 있어야 하므
로 경쟁업체들과 확실하게 차별화할 수 있는 체험이다.

교육, 체험의 만족도가 높을수록 소비자는 본인의 선택에 의미를
부여한다. 의미부여는 재방문과 추가구매로 이어진다. '오늘 우리 아
이가 좋아하는 고로케 요리를 배웠으니 이곳 농산물 직매소에서 식재
료를 사가지고 가서 고로케를 만들어야겠다'는 식으로 방문자가 자연
스럽게 소비자로 발전한다.

세계적인 테마파크인 유니버설 스튜디오는 체험공간과 기념품 판
매소를 연결해놓고 있다. 각 체험코너에서 체험을 마치고 나오면 기
념품 판매소를 거쳐야 밖으로 나갈 수 있도록 동선(動線)이 설계돼 있
다. 체험의 만족도가 높을수록 기념품 매출은 증가한다. 관광객이 구
매한 것은 기념품이지만 실제로 구매한 것은 '추억'이다. 체험의 추억
을 기념품에 담아 간직하려는 것이다. 기념품의 품질이 아무리 좋아
도 '체험'의 만족도가 떨어지면 구매로 이어지기 어렵다.

해당 지역의 농촌 어메니티(amenity)의 효과를 극대화하는 발상도 필
요하다. 정부나 자치단체들도 농촌 어메니티의 중요성을 인식해 농촌
경관에 막대한 예산을 투입하고 있지만 농촌경관을 활용한 부가가치

창출로 이어지지 못하고 있다. 해마다 전국적으로 국화축제, 벚꽃축제, 철쭉축제 등이 열려도 대부분 단순한 행사에서 그치고 6차산업과 연계되지 않아 중요한 '자원'이 그대로 사장되고 있다.

예. 하미앙밸리(www.sanmuru.com)

경남 함양군의 '하미앙밸리'는 지리산 품에 안겨 있다. 머루와인이라는 본 상품을 판매하기 위한 집객요인은 지리산+체험 프로그램이다. 수려한 지리산의 풍광, 와인 숙성실, 와인동굴 등을 둘러보고 와인족욕, 산머루 쿠키, 비누 만들기 등 12개 프로그램을 즐길 수 있다. 더구나 방문객들은 와인을 시가보다 30%나 싸게 구입할 수 있기 때문에 지리산까지 일부러 찾아올 이유가 충분하다. 지리산과 와인이 결합하면서 큰 시너지 효과가 창출돼 하미앙밸리에는 2017년 10만 명의 방문객이 다녀갔다.

농촌 어메니티를 활용한다는 것은 간단히 말하면 자연경관을 집객 요소로 활용하는 것이다. 예를 들어 꽃밭, 허브농원 등을 배경으로 농가 레스토랑을 운영할 수 있다. 마을, 작목반, 영농조합법인, 6차 산업체 단위에서 해당 지역의 자연경관을 가꿔 고객을 유치할 접점을 확보하면 실질적인 집객 거점이 될 수 있다. '이 시골까지 누가 식사를 하러 오느냐'고 비관하기보다는 '시골'이기 때문에 올 수밖에 없는 집객 포인트를 주변의 자연경관에서 찾으려는 발상이 필요하다.

공동체 네트워크
수익모델

공동체 연계

6차산업은 철저하게 지역 공동체에 뿌리내리고 있어야 지속적으로 성장할 수 있다. 6차산업에서 다루는 사업 아이템이 지역과 밀접한 관련이 있어야 구성원들의 참여, 원재료 조달의 용이성, 지역과의 유기적인 연계 등을 기대할 수 있다.

예를 들어, 그 지역에서 생산되지 않고 과거에 생산한 이력도 없어서 아무 기반도 없는 농산물을 가공, 판매하는 것은 적절하지 않다. 일단, 그 지역에서 생산되지 않기 때문에 외지에서 원물을 조달해야 하니 운송비가 포함돼 제조원가가 그만큼 커진다. 향후 가격 등락 등으로 원재료 조달의 불안정성 문제가 상존한다.

해당 지역에서 마을 주민들과 계약재배하고 동시에 6차산업체도 직접 작목반을 두고 일정량의 농산물은 스스로 생산해 조달하는 방식이 6차산업의 근본 취지에 맞다. 이런 구조여야 가공원료인 농산물 공급이 안정적으로 이뤄져서 원료조달의 변수를 줄일 수 있다. 또, 농산물 재배에 참여한 농민이 수확한 후 농산물 가공에도 참여할 수 있어서 노동력을 확보하는 데도 이점이 있다.

더 나아가 마을과 공동 운명체라는 인식이 구성원 사이에서 공유될 때, 마을의 협력을 끌어낼 수 있다. 즉, 6차산업체는 마을의 부녀회, 작목반, 자원봉사단체, 영농법인 등 지연(地緣)을 바탕으로 단계적으로 발전할 때, 가장 안정적으로 성장할 수 있다. 농산물 가공을 준비하는 6차산업체는 다음과 같은 기본조건 3가지를 염두에 두어야 한다.

- 원하는 재료를 원하는 시기에 원하는 물량만큼 원하는 가격에 구입할 수 있나
- 가공품을 원하는 시기에 원하는 물량만큼 원하는 원가(cost)로 생산할 수 있나
- 가공품을 원하는 채널을 통해 판매할 수 있나

지역연계

영농법인이나 생산자 단체가 시장에 뛰어들어 제품개발, 자금확보, 식품가공, 마케팅, 판로개척 등을 자체적으로 모두 해결하기는 버겁다. 6차산업화 인증업체를 대상으로 한 조사에서 사업관련 영역 가운데 가장 필요한 전문성으로 꼽은 것은 '마케팅'으로 28.8%였다. '경영전략·재무'가 14.1% '홍보·정보화'가 13.2%, '가공공정·자동화'가 12.7%였다.

(표5-6) 6차산업체 요구되는 전문성

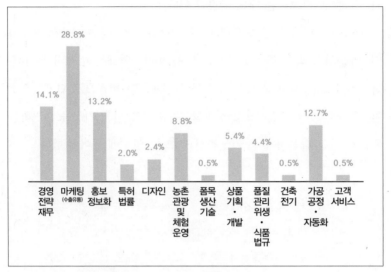

자료 : 6차산업화 인증업체 전문인력 실태조사, 한국농촌경제연구원

6차산업을 1차산업을 중심으로 관련된 사업자와 연계함으로써 부가가치 규모를 키운다는 관점을 가질 필요가 있다. 지역을 기반으로 한 다양한 주체와 유기적으로 결합하는 네트워크다. 다양한 조직, 사람과의 관계설정이 중요하다.

고춧가루나 참기름을 생산하는 가공시설을 지어놓고 그 마을이나 인근 마을에서 나오는 농산물을 가지고 수확철 한두 달만 가공해서는 6차산업이 유지될 수 없다. 저렴한 가격에 안정적으로 농산물을 공급받고 시설을 싼값에 이용하고 판로를 뚫을 방법을 그 지역의 여러 주체와의 유기적인 관계에서 찾는 것이다.

대표적으로 농협의 가공시설, 저온저장고를 무상 또는 저렴한 가격에 이용하거나 정부지원으로 조성된 각종 농산어촌 체험마을의 다양한 유휴시설을 활용하면 초기투자의 부담을 덜 수 있다.[20] 정부지원을 받아서 처음부터 무턱대고 대규모 시설을 확충하기보다는 가공기술, 판로확보 등 경험이 쌓일 때까지 기존 유휴시설을 활용하는 것이 사업실패의 위험을 줄일 방법이다.

6차산업을 시작하고 나서 주위를 둘러보면 예전에는 눈여겨 본 적 없는 많은 기관들이 눈에 들어온다. 지자체, 지역대학, 농협은 물론이고 봉사단체, 노인시니어클럽, 자활센터, 사회적기업, 부녀회, 지역의 공공기관 등 다양하게 있다. 노인 일자리 사업이나 자활센터의 자활근로사업, 커뮤니티 비즈니스, 사회적기업 등과 6차산업을 연계하면 단독으로는 생각해내기 힘든 새로운 발상이 나오고 거기서 수익구조의 빈틈을 메울 방법도 찾을 수 있다. 평소에 공동체성을 공유하고 있었다면 유기적인 관계로 이어질 수 있다. 그 안에서 상생모델을 찾는 데는 저돌적인 도전정신과 경영마인드가 필요하다.

일시적으로 가공품을 외부에 납품하는 관계보다는 장기적으로 지역에 뿌리를 두고 지역순환, 지역 내 네트워크라는 관점에서 수익구조를 만들어가는 노력도 필요하다. 자치단체의 전략사업을 활용하는 것도 적절한 방안이 될 수 있다. 자치단체를 매개로 한 산학연 네트워크, 기술보급, 판로지원 등을 적극적으로 활용하면 시장에 안착하는 데 들어가는 시간, 비용을 크게 줄일 수 있다. 6차산업을 지역진흥의 관점에서 받아들여 지역과 일체가 되는 사업을 추진해나가는 틀 만들기가 이뤄져야 한다.[21]

20   농촌마을공동체를 살리는 100가지 방법. 정기석, 송정기, 전북대출판문화(2016.05.30.)
21   和歌山사회경제연구소 연구부장 藤本 幸久, 地域を活性化するための6次産業化のすすめ方(2014.08.)

상시적인 정보교류

6차산업체가 농산물이나 가공제품을 생산할 때는 이 제품을 누구에게 얼마에 팔 것인지 사전에 철저하게 기획해야 한다. 즉, 타깃고객 설정→ 상품가치에 맞는 가격 설정→ 타깃고객이 상품을 구매할 수 있는 판로확보→ 상품의 가치를 고객에게 전달하는 홍보 마케팅이다. 여기에는 사람, 자원, 자금, 정보 등의 경영자원이 필요하다.

6차산업에서 '경영'은 결국 이 자원을 어떻게 확보해서 효율적으로 관리하느냐의 문제이다. 이 가운데 6차산업체에 가장 부족한 것이 사람(전문인력), 정보(노하우 포함)다. 단순히 농산물을 생산해서 중간상이나 농협에 출하하는 것이 아니라 가공품을 만들어 직접 판매하려면 생산자 관점에서 소비자 관점으로 발상의 전환이 필요하다.

이 분야의 전문인력을 지역에서 발굴하거나 양성해야 하지만 단기간에는 쉽지 않은 일이다. 자체적으로 인력확보가 어렵다면 농협이나 다른 생산자, 가공·유통업체들에서 그 정보를 얻어야 한다. 중요한 점은 일회성 교류가 아니라 정기적인 모임에 가입해 지속적으로 정보교환을 해야 한다는 것이다. 다른 업종, 기업체, 단체들이 가진 이질적인 정보, 아이디어, 조언 등도 큰 도움이 될 수 있다. 동종업체에서 얻을 수 없는 새로운 시각이 있기 때문이다.

축제, 박람회, 유통업체 간담회 등에도 꾸준히 참가해서 제품의 인지도(認知度)를 넓히고 자사의 제품을 시장과 소비자가 어떻게 평가하는지 검증받아서 보완해가는 작업을 지속적으로 해야 한다. 카탈로그나 홍보전단을 임의로 나눠주기보다는 바이어, 구매담당자와 대면접촉을 통해 제품의 특성을 설명하며 구매협의를 하는 편이 더 실질적인 효과가 있다. 판매경험이 없는 농민들에게는 시장감각을 익힐 소중한 기회가 된다.

소비자, 유통업자와의 접점 만들기는 일회성으로 그쳐서는 안 되며 상시 지속적으로 이뤄져야 한다. 이런 노력이 쌓이면 협상력을 높이는 효과도 있다. 젊은 직원이나 유턴하는 귀농자들의 전문성을 활용한다면 큰 도움이 되겠지만 이들이 들어올 때까지는 생산자가 직접 발로 뛰어다니며 경영정보를 얻어야 한다.

6차산업에서 농민의 역할이란 생산에서 소비까지의 과정에서 발생하는 부가가치를 확보하기 위해 농산업 비즈니스맨이 되는 것이다. 그러기 위해서는 가공, 유통, 판매의 메커니즘을 알아야 한다. 6차산업에서 요구되는 것은 마케팅, 매니지먼트 전문가가 아니라 '농업경영자'이다. 농업을 하면서 경영감각을 갖춘 1.5차형 인재다. 1.5차형 인재육성이 6차산업 성공의 관건이라고도 볼 수 있다.[22]

---

22   6次産業化推進のための効果的な6次産業化サポートセンターの活用と運営報告書, 사단법인 중소기업진단협회(2013.02)

6장.
6차산업 활성화
정책 제언

가공센터,
직매소 경쟁력 확보

농산물을 가공해서 판매하는 것이 6차산업의 가장 기본적인 형태라고 한다면, 그 핵심은 '어떤 제품을 어떻게 가공해서 어떻게 판매하느냐'이다. 자치단체들이 소농들의 6차산업을 육성하기 위해 설립한 농민 가공센터와 로컬푸드 직매장은 이 질문의 답변에 실마리를 던져준다.

전북 완주군에는 2곳의 로컬푸드 가공센터가 운영되고 있다. 2012년, 2015년에 각각 문을 연 고산 로컬푸드 가공센터와 구이 로컬푸드 가공센터는 235개의 제품을 생산하는 데 필요한 세척기, 절단기, 튀김기, 진공포장기, 발효기, 농약검출기 등 50종의 장비를 보유하고 있다. 지금까지 184명의 농민이 이 시설을 활용해 20개에서 최대 123개의 가공식품을 생산해왔다.

이 시설은 이미 완주군에서 식품제조 허가를 받았고 농민들이 가공식품을 판매하는 데 필요한 각종 인허가는 가공센터의 행정매니저가 처리해주고 있다. 참여자를 지속적으로 발굴하기 위해 농식품 가공창업 아카데미를 열어 11개 기수에 450여 명을 배출했고 신제품을 개발할 수 있도록 해마다 5개 반의 가공식품 심화과정을 운영하고 있다. 농민들은 매출액의 3%만 운영비로 내면 되고 완주군에서 시설관리, 가공교육, 제품인허가, 상품화, 회계 등에 관한 행정업무를 처리해준다.

이런 로컬푸드 가공센터는 소농들이 6차산업에 참여하는 통로이자 가공 아카데미의 역할을 한다. 가공센터가 6차산업체의 실질적인 인큐베이터가 되려면 창업지원, 식품안전성, 유통공간 측면에서 보완이 필요하다.

첫째, 농민가공센터에서 성장 가능성이 검증된 농민들이 독립해서 창업할 수 있도록 지원해주는 후속 프로그램이 가공센터와 연계돼 있어야 한다.

둘째, 가공식품의 안전성을 확보할 수 있도록 식품의 안전성을 검증, 인증해주는 식품안전센터가 필요하다. 현재는 농민들이 민간업체나 자치단체가 운영하는 각종 연구원에 위탁해서 가공식품의 안전성 검사를 하고 있는데 이것만으로는 충분하지 않다. 민간검사기관을 이용하면 농민들의 비용부담이 크고 자치단체 연구원은 식품전문 연구기관이 아니기 때문에 전문적인 검사, 지속적인 사후 모니터링에는 적합하지 않다. 농민들이 저렴한 비용으로 이용할 수 있는 식품안전센터가 있어야 다양한 형태의 농민가공이 시도되고 활성화할 수 있다.

셋째, 판로를 확보해줘야 한다. 농촌 지자체마다 농업기술센터에서 농산물 가공시설을 운영하고 있지만 운영실태는 천차만별이다. 가공시설이 제대로 운영되지 않는 이유는 어디에 있을까. 열심히 배워서 농산물을 가공해도 내다 팔 곳이 마땅치 않기 때문이다. 어떻게든 만들었다고 해도 얼마 되지 않는 물량을 농민이 자체적으로 유통하기는 어렵다. 완주군 로컬푸드 가공센터에서 생산된 가공식품의 35.3%는 로컬푸드 직매장을 통해 판매된다. 로컬푸드 가공센터가 활발하게 운영되는 것은 완주군의 체계적인 교육, 시설확충, 행정지원 외에도 로컬푸드 직매장이라는 안정적인 판로가 보장돼 있기 때문이다.

특히, 농촌의 여성인력을 개발하는 데도 판로확보는 중요한 과제로 지적되고 있다. 이마무라 나라오미(今村 奈良臣) 도쿄대학교 명예교수는 6차산업 성공의 열쇠는 여성, 고령자의 기능에 달려있다고 주장한다.[23] 현재, 마을기업이나 마을의 수익사업에서 성과를 내는 여성리더 가운데는 귀농, 귀촌자가 상당수 포함돼 새로운 동력으로 주목받고 있다.

제4차(2016~2020년) 여성농업인육성 기본계획에 따른 2018년도 여성농업인 육성 시행계획에는 전통식품 제조, 향토음식 등에 대한 여성농업인의 소규모 창업지원방안이 담겨 있다. 대표적으로 농촌진흥청은 2018년에 32개소에 16억 원을 지원한다는 계획이다. 농촌진흥청은 여성농업인의 관심과 참여가 높은 전통식품 제조사업을 지원해 2006년부터 지금까지 156개 업체의 창업을 이끌어냈다.

그러나 이 가운데 여성농업인을 전제로 한 창업지원은 2006년부터 2009년까지였고 그 이후에는 전체 농업인에 대한 창업지원으로 그 대상이 확대됐다. 여성농업인으로 특화할 만큼 여성농업인들의 참여가 많지 않았기 때문이다. 국내에서는 아직까지 농업분야에서 여성기업의 현황조차 파악되지 않는 상황이다. 특히 향토음식을 내놓는 농가 레스토랑, 농가민박 등에서 여성들의 노하우를 극대화할 수 있지

---

[23]   地域に活力を呼ぶ農業の6次産業化 Future SIGHT, 2009년 봄, 44号

만 2015년 한국농촌경제연구원이 6차산업화 인증업체 205곳을 대상으로 실시한 조사에서 농촌민박, 농가식당은 3.4%밖에 되지 않는 것으로 드러났다.

일본에서는 농촌의 여성기업활동에 대한 농림수산성의 전국규모의 조사가 실시된 1997년 여성기업수가 4,040개였는데 2010년 9,757개로 성장했다. 사업내용은 식품가공이 75.2%를 차지해 압도적이었다. 연간 매출규모를 보면 300만 엔 미만이 51.9%이며 법인으로 등록된 곳은 7%인 685개밖에 되지 않는다. 대부분이 영세규모지만 일본의 6차산업을 받쳐주는 튼실한 풀뿌리 역할을 하고 있다.[24]

일본 농산어촌의 여성활동은 1970년대에 생활개선그룹을 중심으로 이뤄져 왔다. 이때부터 시작된 자급자족 성격의 농산가공활동이 80년대 '노천시장'의 판매활동으로 발전했다. 일본여자대학교 가정학부 아베 스미코(安倍 澄子) 교수는 90년대 초반부터 상설 직매장이 전국적으로 들어선 것이 일본의 농촌여성기업이 크게 증가하는 계기가 됐다고 지적한다. 이 가운데 농산물 직매장, 간선도로의 '미치노에키'(道の驛 : 식당, 농산물 판매장, 휴게시설, 주차장 등을 갖추고 있는 도로시설. 93년부터 설치돼 현재 일본 전역에 1,000곳이 넘게 운영)[25] 가 큰 역할을 했다.

전통적으로 여성농민들이 가진 전통식품 제조에 대한 노하우를 발굴해 실제 창업으로 발전시키더라도 판로확보, 마케팅에 대한 부담이 해결되지 않는다면 창업 활성화는 기대하기 어렵다. 여성농민들의 6차산업체를 양성하는 정부 지원은 가정에서 이뤄지는 가내수공업 수

---

24   일본 6차산업화 정책동향 : 여성농업인 역할을 중심으로, 가와테 도쿠야(川手 쓤也) 일본대학교 교수(2015.01.21.)

25   한 · 일 농촌여성의 6차산업화 활성화 세미나(2014.09.30.)

준의 소규모 창업과 부녀회, 여성모임이 참여하는 마을단위의 창업으로 나눠 이뤄져야 한다. 전문성이 있는 귀농·귀촌 여성들과 제조경험이 있는 부녀회를 연결해서 창업으로 발전시키는 체계적인 인큐베이팅이 필요하다. 핵심은 농촌의 여성기업들이 가공품을 안정적으로 유통할 로컬푸드 직매장과 같은 판매공간을 확보하는 것이다.

그러나 국내 로컬푸드 직매장은 아직 기대만큼의 역할을 못 하고 있다. 한국농수산식품유통공사에 따르면 2016년 연중 운영된 48개 로컬푸드 직매장 가운데 23개가 적자를 냈다. 2015년에 개장한 매장은 16개 가운데 13개가 적자였다. 2014년부터 2017년 사이에 7개 직매장이 수익을 내기 위해 수입농산물을 취급하거나 다른 지역 농산물을 절반 이상 판매하다 12차례나 적발됐다.

(표5-7) 로컬푸드 직매장 운영현황

개장연도	전체 사업장수	적자운영 사업장수	평균손익(천원)
합계	48	23	19,466원
2015년	16	13	−60,899원
2014년	21	7	49,465원
2013년 이전	11	3	79,087원

자료 : 김태흠 의원(자유한국당) 보도자료(2017.10.19.)

농림부는 2018년 1월, 처음으로 '우수농산물 직거래사업장 인증제'를 실시했다. 직거래 비중, 생산자 정보, 안전성, 취급수수료 등을 기준으로 심사한 결과, 전국 188개 직매장 가운데 인증받은 곳은 12개밖에 되지 않았다. 농산물 직매장이 우후죽순처럼 들어서고 있지만 아직 내실을 다지지 못한 것이다. 튼실한 농산물 직매장은 6차산업체가 뻗어 나가는 데 발판이 될 수 있기 때문에 농산물 직매장을 제대로 육성하는 것은 농정의 우선순위에서 다뤄져야 한다.

지역농협의
주도적 참여

농협은 영농, 자재, 유통, 판매, 금융 등 농산업을 뒷받침할 수 있는 기능을 종합적으로 보유한 최고의 전문기관이다. 또 농촌정보, 생산자 조직과의 연계기반이 있어서 농업의 6차산업을 활성화하는 데 중추적인 역할을 할 수 있다. 따라서 소규모의 6차산업 인증업체들이 대내외적인 변화에 제대로 대응하도록 농협이 지역의 여러 단독 사업자들을 하나로 묶는 구심점 역할을 하는 것이 큰 과제다.

그러나 2018년 현재, 6차산업 인증사업자 가운데 농·축협은 62곳밖에 되지 않는다. 전국 농·축협 1,116곳의 5%, 전국의 6차산업인증사업자 1,359개의 4.5%에 그치는 수준이다. 수익사업의 경험이 부족한 농민들이 6차산업에 뛰어드는 상황에서 정작 농업 비즈니스의 최고의 집단인 농협은 뒤로 물러나 있는 것이다.

농·축협의 참여율이 이렇게 낮은 것은 근본적으로 농·축협이 가공사업을 리스크가 큰 사업으로 인식하기 때문이다. 2015년 농협중앙회가 홍문표 국회의원에게 제출한 자료를 보면, 농협의 104개 가공식품 사업장 가운데 37개 사업장은 적자를 기록했다. 전국적으로 농협의 가공공장은 1996년 182개소에서 2017년 현재 110개로 72개가 문을 닫았다. 현재 운영되는 가공공장들도 홍보부족과 매출부진으로 어려움을 겪고 있다. 가공공장에서 취급하는 품목도 김치, 고춧가루 등 일부 품목으로 제한돼 있다.

농협이 가공산업에서 고전하는 것은 우선, 지역농협의 역량에서 근본적 원인을 찾을 수 있다. 제품개발, 시장개척, 마케팅, 유통 등의 전문성이 부족해 식품분야의 중소기업보다 경쟁력이 떨어진다는 점을 부인하기 어렵다.

가공식품의 원재료인 농산물의 공급단가도 걸림돌이다. 국산 농산물을 수매해서 가공하는 농협으로서는 값싼 수입산 농산물을 원료로 사용하는 대형 식품회사들과의 경쟁에서 채산성을 맞추기 어려운 것이 현실이다. 조합원인 농민들의 농산물을 상품성이 떨어지더라도 싼값에 구매할 수 없기 때문에 가격경쟁력은 더 취약할 수밖에 없다. 이런 구조에서 농협은 경제사업보다는 리스크가 적은 신용사업에 안주하는 실정이다.

2017년 회원농협의 가공사업을 지원하기 위해 ㈜농협식품이 출범했다. 상품의 기획, 디자인, 유통, 판매는 ㈜농협식품이 맡고 생산은 지역농협의 농산물 가공시설을 활용하는 구조다. 농협 브랜드로 판매되며 제조원은 지역농협이 된다. ㈜농협식품은 두부, 김치, 소금, 고구마말랭이, 원물 간식 등 60개 품목을 기획생산하며 전국적으로 18개 지역농협이 생산에 참여하고 있다.

지역농협이 가장 취약한 제품기획, 판매기능을 돕기 위해 농협이 별도의 자회사를 출범하여 기획생산에 힘을 쏟는 것은 의미 있는 노력으로 평가할 수 있다. 그러나 지역농협이 단순히 원료공급, 하청생산기지로 전락하는 것은 바람직하지 않다. ㈜농협식품의 힘을 빌리되, 근본적으로는 지역농업이 자생력을 키워야 한다. 어렵다고 해서 기획, 판매기능을 외부에 100% 의존하면 독자적인 경쟁력을 가질 수 없다. 지역농협이 자체 기획하고 판매하는 능력을 키우기 위한 지렛대로 ㈜농협식품을 활용하려는 전략적인 노력이 뒤따라야 한다.

동시에 가공용 농산물을 재배하거나 가공용 계약재배 등을 통해 농산물의 조달가격을 낮추는 등 자구노력이 필요하다. 고품질의 프리미엄급 가공품을 개발하거나 생산자 단체, 중소 가공업체 등과 연계해서 새로운 수익구조를 찾는 적극적인 역할을 모색해야 한다.

농업 농촌만의 매력으로 '소통'하라

필자가 한국과 일본의 대표적인 6차산업체 13곳을 취재하면서 가장 마음속에 남은 키워드는 '집객' '소통'이었다. 상품을 팔기 위해서는 고객을 모으는 '집객'이 필요하고 집객을 하려면 '소통'이 잘 돼야 한다는 것을 6차산업체들은 보여주었다.

집객은 6차산업뿐만 아니라 인구, 인력, 인재를 모아야 하는 지자체, 기업, 학교 등에서도 가장 중요한 키워드 가운데 하나다. 사람을 모아서 그들의 마음과 내 마음을 통하게 만든다면 그만한 마케팅은 없을 것이다.

그렇다면 무엇을 통하게 할 것인가? 농업·농촌만의 매력이다. 농민만이 현장에서 느끼고 파악할 수 있는 농업·농촌의 매력이 있다. 이것을 통해서 소비자를 모으고 매력을 전달하는 것이 '집객'이고 '소통'이다. 여건이 다르고 품목이 같지 않아도 6차산업체 대표들이 걸어온 길을 살펴보면 결국 '집객'하고 '소통'하는 것이 핵심이었다.

친환경이 이제 거역할 수 없는 대세라는 점은 누구나 인정한다. 하지만 일반 농산물보다 비싸다는 이유로 소비자들은 선뜻 지갑을 열지 않는다. 그렇다면 '가격'이 문제인가? 진짜 이유는 비싼 만큼 그 가격에 담긴 친환경농산물의 '가치'를 소비자들이 모르는 것이다.

도대체 친환경은 어떻게 다르고 무슨 의미가 있는지, 그리고 이 농산물이 정말 친환경 방식으로 재배됐는지 소비자들은 쉽게 알 수 없다. 친환경 농산물을 재배하려고 땀을 흘렸지만 친환경의 가치를 소비자에게 전달하는 데는 노력을 충분히 기울이지 못했다.

소비자에게 친환경의 가치를 전달하려면 소비자를 논, 밭으로 불러서 농작물을 재배하는 데 참여하게 하고, 생육과정에 대한 정보를 보내며 끊임없이 소통해야 한다. 소통은 '공유'(共有)의 과정이다. 농작물의 생산정보, 거기에 담긴 농업 · 농촌의 '매력', 생명의 경이로움, 수확의 기쁨을 함께 나누는 과정을 통해서 소비자가 정직한 농산물임을 믿게 되면 그때부터 진짜 '판매'가 이뤄지는 것이다.

농산물 직매소, 농촌체험, 관광, 농산물 가공, SNS 등 6차산업의 고수들이 힘을 쏟은 부분은 소비자들과 접점을 찾는 일이었다. 접점은 '농촌현장'에서 찾아야 한다. 제대로 된 농산물을 키워내고 있다면 그다음은 소비자에게 그 사실을 어떻게 알릴지 고민해야 한다. 대충 흉내 내는 수준이 아니라 진정성 있는 노력이 계속될 때, 도시의 소비자는 6차산업의 든든한 후원자가 될 것이다.

자료

* 日本水土總合研究所, ARDEC 47 : 農業の6次産業化の理論と実践の課題, 今村 奈良臣, 東京大學名譽敎授(2012.12.)

* 식품산업 원료소비 실태조사 결과, 농림부 보도자료(2016.05.24.)

* 2015년 우리나라 식품.외식산업 시장규모 200조 육박, 농림부 보도자료(2017.09.11.)

* 오랜 B. 헤스터먼 著, 페어푸드, 도서출판 따비(2013.07.20.)

* 高附加價値型 農業に関する考察, 神戸大学農業経済, 高山 敏弘(1988.12.)

* 6次産業化定策の課題, フードシステム研究 第 22巻1號, 千葉大學 櫻井清一(2015)

* 농업 · 농촌 · 식품산업의 미래 비전과 지역발전 전략, 한국농촌경제연구원(2016.02.)

* 낙후지역활성화를위한지역개발법인활용방안연구: 개발촉진지구를 중심으로, 국토연구원(2006.07.31.)

* 김태흠 의원(자유한국당) 보도자료(2017.10.12.)

* 地域農業の再構成と内発的発展論, 守友裕一(農業経済研究, 第72巻, 第2号) (2000)

* 6차산업화연구 연구자료 제2호, 농림수산정책연구소(2015.01.)

* 日本政策金融公庫 보도자료(2011.12.02.)

* 6차산업화 인증업체 전문인력 실태조사, 한국농촌경제연구원(2015.12.)

* 2017 가공식품 마켓리포트

* 식품산업 원료소비 실태조사결과, 농림부 보도자료(2016.05.24.)

* 6차산업 창업현황 분석 및 지원방안 연구, 농림부(2016.12.)

* 三菱綜合硏究所 사회공공매니지먼트 연구본부 주임연구원 伊藤保 : 農業の6次産業
  化による地域づくり

* 6次産業化ハンドブック, 後久 博(2013)

* 농촌마을공동체를 살리는 100가지 방법. 정기석, 송정기, 전북대출판문화원
  (2016.05.30.)

* 地域を活性化するための6次産業化のすすめ方, 和歌山사회경제연구소 연구부장
  藤本 幸久(2014.08.)

* 6次産業化推進のための効果的な6次産業化サポートセンターの活用と運営報告書,
  사단법인 중소기업진단협회(2013.2.)

* 地域に活力を呼ぶ農業の6次産業化, Future SIGHT(2009. 봄, 44号)

* 일본 6차산업화 정책동향:여성농업인 역할을 중심으로, 가와테 도쿠야 (川手 督也)
  日本大學校 교수(2015.01.21.)

* 한 · 일 농촌여성의 6차산업화 활성화 세미나, 농촌진흥청(2014.09.30.)

* 농업의 6차산업 활성화방안, 한국농촌경제연구원(2014)

* 꿈을 현실로, 6차산업화 성공스토리, 농촌진흥청(2014.12.)

* 2014년 6차산업화 경진대회 우수사례집

* 2015 6차산업 경진대회 우수사례집, 한국농어촌공사(2015.12.)

* 6차산업 성과 점검 및 평가를 통한 향후 정책방안 연구, 농림축산식품부(2017.02.)

* 제4차 여성농업인육성 기본계획에 따른 2018년도 여성농업인 육성 시행계획

"함께 살아간다는 것"

함께 살아간다는 소속감 속에서 뭉치고 일하며 서로 돕는 공동체, 누구나 자유롭게 자신을 드러내고 서로의 필요에 귀기울여주는 공동체를 꿈꿉니다. 어디서나 공동체를 일굴 수 있습니다. 마음을 모아 혼자만의 경험이 아닌, 우리의 경험을 모아내기만 한다면 가능합니다. 삶을 쏟아 붓는 특정한 이슈는 공동체를 만드는 좋은 씨앗입니다. 환경, 교육, 예술, 문화 등 <공동체 살리는 시리즈>는 공동체를 다시 일구는 든든한 디딤돌이 되겠습니다.

농업에 미래를 곱하다

농촌재생 6차산업

공동체 살리는 시리즈 ⑤

초판 1쇄 인쇄 | 2018년 9월 10일
초판 1쇄 발행 | 2018년 9월 20일

지은이 | 정윤성
발행인 | 김태영
발행처 | 도서출판 씽크스마트
주　소 | 서울특별시 마포구 토정로 222(신수동) 한국출판콘텐츠센터 401호
전　화 | 02-323-5609 · 070-8836-8837
팩　스 | 02-337-5608

ISBN 978-89-6529-195-4 93520　정가 15,000원

- 원고 | kty0651@hanmail.net
- 페이스북 | www.facebook.com/thinksmart2009
- 블로그 | blog.naver.com/ts0651

- 이 도서의 국립중앙도서관 출판예정도서목록(CIP)은 서지정보유통지원시스템 홈페이지(http://seoji.nl.go.kr)와 국가자료공동목록시스템(http://www.nl.go.kr/kolisnet)에서 이용하실 수 있습니다.(CIP제어번호 : CIP2018027686)

씽크스마트 • 더 큰 세상으로 통하는 길
도서출판 사이다 • 사람과 사람을 이어주는 다리